攻撃的な態度を見せるコミミズク（フクロウ科）．耳のように見えるのは聴覚器管ではなく羽毛のふさである．本当の耳はかくれて見えない．（第5章）

キクガシラコウモリの一種（マラヤ産）．その顔面には馬蹄形をした顕著なひだ（鼻葉）がある．（第6章）

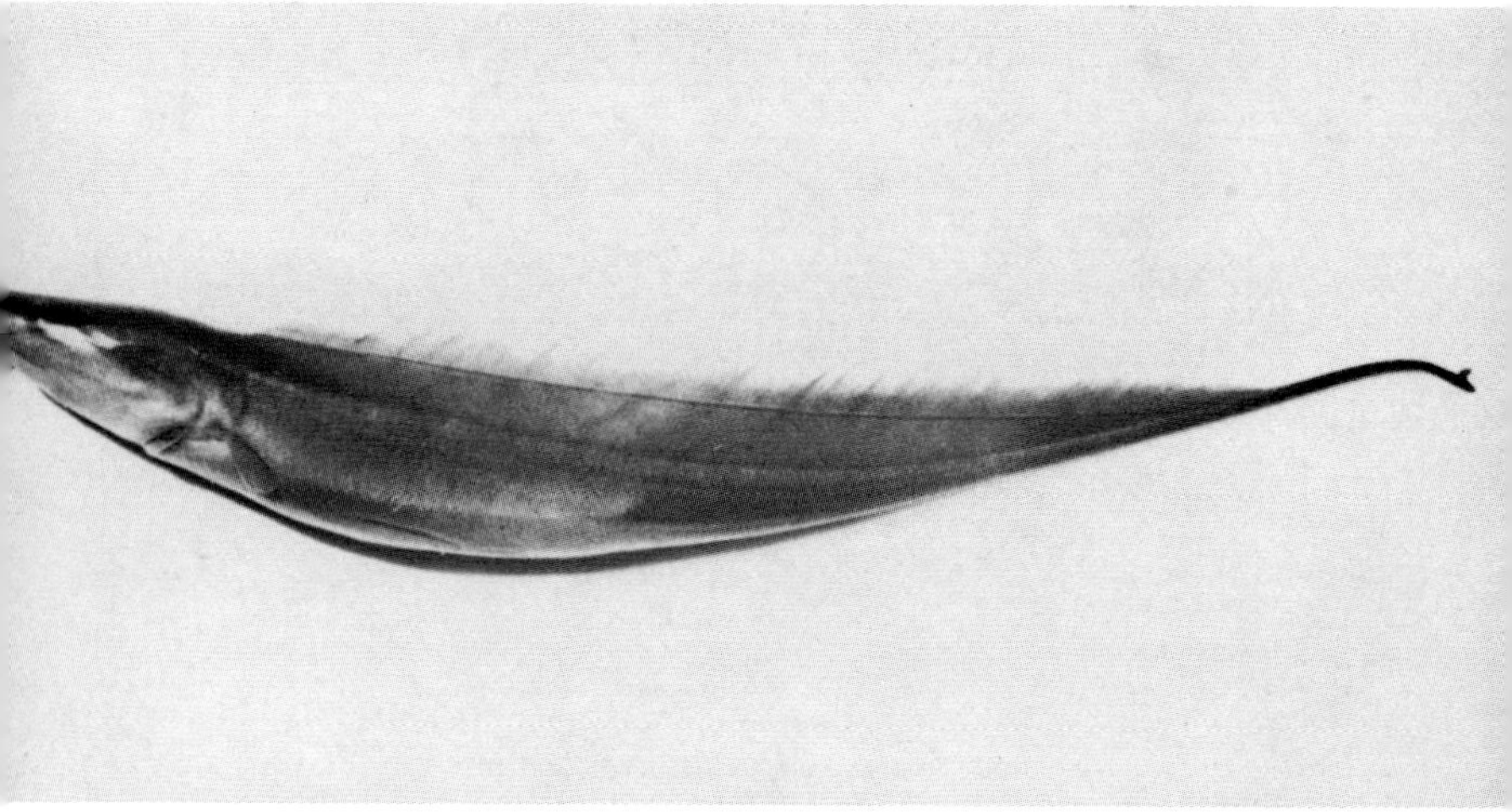

ジムナーカス・ナイロチカスは水中に電場をつくりだし，それを用いてあたりの様子を知る能力をそなえた魚である．（第7章）

ナイルオオトカゲの頭部．先が二つに分かれた舌を伸ばしてにおいの分子をとらえる．（第10章）

アメリカの大西洋岸の砂浜に産卵のために上って来たカブトガニ．（第12章）

アフリカのジェネットは油断のない顔つきをしている．その耳もずばぬけてデリケートで鋭敏だ．（第14章）

Maurice Burton

THE SIXTH SENSE OF ANIMALS

モーリス・バートン　　高橋景一訳

動物の第六感

法政大学出版局

目次

動物の第六感

はじめに

過去五十年の間に、動物の感覚についての私たちの知識は驚くほど進みました。その進歩がどれだけ偉大なものであったかは、この半世紀を動物感覚の専門的な研究者として生きたのでなければ実感され得ないものかも知れません。けれども、それを実例で示すことはニュージーランドのムカシトカゲが持つ「第三の眼」ひとつをとりあげるだけでも可能です。五十年前には、この眼について知られていたことはほとんど構造上のことに限られていました。それがなぜあるのか、どんな働きをしているのかについては、推測がなされていたにすぎません。このことは現在でもある程度は真実なのですが、研究の方法はすっかり変ってしまいました。一九二〇年代には、ある先生が実験室の床に四つんばいになり、この古代のおもかげをとどめたトカゲを追いまわしながら、その第三の眼の上にろうそくをかざして、それが光を感じるかどうかを調べようとしているなどとうわさされたものです。現在の科学者ならば、同じ目的の研究に電子顕微鏡や微小電極を使うことでしょう。

しかし当時でも、世界各地の研究室では興味をそそる発見がつぎつぎに行なわれ、その研究成果は学術雑誌に発表されていました。これらはいずれも比較的小さな発見であり、また、難解な専門用語で書かれていたので、一般読者のためには誰かがそれを一冊の本にまとめる必要がありました。一九四四年に出版された、R・W・モンクリーフの『化学感覚』はこのような本でした。

動物の感覚について、次の本があらわれたのはかなり後のことで、私が少年向けに書いた一九六一年出版の本は、その中の、最初とはいえぬまでも、一冊でした。しかし、その後七年の間に六冊の本があいついで出ました。

次の章で指摘するように、一九四九年という年を動物感覚の研究におけるひとつの分水界とみなすことができます。それは、ミツバチに関するフォン・フリッシュの発見や、コウモリが暗やみの中をどのようにして進路を定めて飛行するかについてアメリカのグリフィンやガランボスが行なった研究に対する私たちの驚嘆がまだ続いていた年であり、また、当時私たちは知らなかったのですが、鳥の航法についての一連の発見が、まさに始まろうとしていた年でもありました。

ですから、一九六八年というような最近になっても、F・デストリが次のようなことを書いているというのは、ちょっとした驚きです。彼は、「視覚、触覚、嗅覚、味覚、それに平衡感覚がなければ、われわれの存在に関する問いは非現実的なものである。にもかかわらず、生物学の他の分野——たとえば代謝や遺伝情報——においては明らかな進歩があったのにくらべて、感覚器に関するわれわれの知識は百四十三年前からほとんど進んでいない」と述べています。多分彼は感覚刺激を受けいれる部分で起こっている事柄について、基本的には何も分っていないということを考えていたのだと思います。たとえば、においの物質が私たちの鼻の中にある嗅上皮の細胞に到達するまでのみちすじはよく知られています。嗅上皮からは、神経を通って脳にメッセージが送られますが、このメッセージのない手である神経インパルスを神経に沿って追跡し、測定することも行なわれています。さらに、脳の中でこのメッセージを受け取る部分も明らかとなり、研究されています。私たちにまだ分っていないこと、それは空気中のにおいの分子が、どうやって神経インパルスを発生させるのかという、その仕組みなのです。

この点についての知識の不足を別とすれば、過去二、三十年の間に蓄積された情報の量はあまりにも膨大な量に達しており、とうてい一冊の本に都合よく納まるものではありません。この理由から、さきに述べた六冊ほどの本の著者たちも、それぞれが違ったやり方で違った方向から問題をとり扱っています。私のこの本も他の本とは——基本的な事柄についてはもちろん同じでも——多くの点で非常に違ったものになると思います。

この本に長所があるとすれば、それは私が読んだ学術論文や一般向けの著書の著者の方々すべてのおかげです。私は野外であれ、室内であれ、実験を行なったことはありません。そして、実験をする人々の腕前と忍耐強さにほとほと感心しているものです。私自身のやり方は、生きている動物を観察し、それが何をしているかを見、そして本で読んだことを参考にして、その行動を理解しようとするのです。これは私にとって、これまで決して尽きることのない興味の源でした。この楽しさをこの本の中でいくらかでも伝えることができればよいと思っています。

第一章　発見の時代へ　――研究の分水界一九四九年――

十四年におよぶ刑務所ぐらしの経験をもつジム・フェランは、その著書のなかで次のように記している。

「刑務所にはじめて入れられた人間は、新しく外国語を習うように刑務所の言葉を覚え、また、ちょっとしたごまかしにも上達する必要があるのだが、それだけではまだ充分ではない。彼はいくつもの感覚を新たに発達させ、文明社会には知られていない無数のやり方で動物的な鋭敏さを身につけねばならないのだ。私は入所後二年になるよりずっと前から、暗やみの中で、遠方からでも、看守のひとりひとりをその息づかいや体臭によって、いやその関節が鳴るかすかな音によってさえ、見分けることができるようになった。私はやがて二メートル離れた所から、他人のポケットの中にあるたばこのにおいが分るようになり、また、礼拝の最中にくちびるを動かさないようにしてそっとささやかれる秘密の会話を、訓練された看守でさえ全く聞きのがしてしまうような時でも、聞きとることができるようになった。長期囚ならば、所員のせきばらいの様子から彼が三十分後に自分の喫煙の件について当局に通報する気なのかどうかを知るであろう。長期囚は人間ではない。彼は敏捷で有能な一頭の猛獣なのだ」。

フェランがこれを書いたのは二十年以上も前のことで、当時は大部分の動物学者が、人間は嗅覚ではイヌなどより劣るかも知れないが、他の感覚、特に視覚では他の大多数の動物よりもすぐれていると考えて満足していたのである。この年一九四九年は、動物の感覚に関する分野では、古い知識と新しい知識とを画する境界線であるとみてほぼ差支えない。それは、ミツバチによる太陽の位置の利用についてフォン・フリッシュが行なった驚くべき発見や、コウモリによる反響定位の利用についての発見の持つ重要性がまさに認識されようとしていた年であり、一方、自然界についての知識全体に深い影響を与えることになった鳥による天測航法の利用についての数々の発見に先立つ年でもあった。

当時、一九三九年から四五年にいたる第二次世界大戦のために、直接実用と結びつかない科学研究にはおくれが生じていたが、一方では軍事上の要請から、のちに研究室や野外での生物学研究に用いられるようになったいくつかの新技術が発明され完成していた。レーダーはそのきわだった例のひとつであるが、夜行性動物の行動観察に利用できる赤外線望遠鏡がドイツで発明されたのも、これに劣らず重要なことであった。一九五〇年代の初期にはこれらの技術や、電子顕微鏡、微小電極などが盛んに用いられるようになった。

一九四〇年頃までは、感覚には、触覚、味覚、嗅覚、視覚、聴覚のいわゆる五感があるという言い方をすれば充分であった。しかしこれ以外に、ことによると第六の感覚が存在するのではなかろうかという潜在的な疑念は、それがどのようなものであるか誰にもよくは分らなかったにせよ、常に存在していた。この第六感とは、常にばく然として定義し難く、むしろ、五つの基本感覚と結びつけることのできないコミュニケーションの手段をあらわす言葉となっていた。現在では第六感が存在するか否かはもはや問題ではない。現在問題となっているのは、五感以外にいったい、いくつの感覚があるのだろうかということなのである。

動物の感覚に関する分野でこの二、三十年の間にみられた進歩が、いかに多岐にわたり、また実際驚くべきものであったかを初めに考えてみることは有益であろう。以前は感覚のしくみに関するわれわれの説明も、感覚の分類そのものと同様に初歩的なものであった。たとえば、眼のはたらきはカメラと同じであると昔からいわれている。基本原理という点ではこのことは今も正しいのであるが、眼とカメラの間にはいくつかの重要な違いが存在する。カメラの場合、被写体からの光はレンズを通って感光性のフィルムにとどき、このフィルム上に永久的に記録される。眼では、光はレンズ（水晶体）を通って感光性の膜である網膜にとどくが、この網膜には永続的な記録は何も残らない。すなわち網膜に達した光についての情報は視神経によって脳に伝えられ、そこで一種の永久記録として残される。これは記憶の助けをかりることにより必要に応じて調べられ（すなわち想起され）るのである。しかし、抜群の記憶力をそなえた人の場合でも、記憶によるイメージと写真のフィルムに記録されたものとの間には相当の差が存在するであろう。目撃者の証言を証拠として採用する場合には、極度の慎重さを要するのはこのためである。

眼に入った光は、網膜に達するまでに瞳孔やレンズなどの附属構造の作用を受け、エネルギーの一部はフィルターされて除かれる。こうして、眼に降りそそぐありとあらゆる情報からの選択が、光が眼に到達した瞬間から行なわれているのである。たとえば瞳孔は眼に入ってくる光の量に従って自動的に大きさを変える。明るい所では瞳孔は小さくなって、眼に入ってくる光量を減らし、まぶしさで目がくらむことのないようにする。また角膜とレンズは像を網膜の感覚細胞の上に結ばせ、より精密な情報が脳に送られるようにする。

網膜の感覚細胞は光のエネルギーだけに感じるのではない。実際に、眼を指で押さえることによって脳をだますことができる。すなわち、網膜の感覚細胞が圧迫によって刺激され、脳がそれを光による刺激と受け取るのである。眼を強打した場合に「眼から火が出た」ように感じるのはこのためである。

要するに眼はカメラとは異なり、前にある光景を直接に記録するのではなく、情報をフィルターにかけたり、解読したりして処理するのである。

昔から「この目で見るほど確かなことはない」といわれてきた。しかし、すでに述べたことから、今では、この全く議論の余地のないように見えることすら、用心深くとり扱わなければならないことが分る。からだの意識的調節を専門に研究している人々は、われわれの感覚があてにならぬものであることを強調しているが、これは最近の科学の進歩によく合った考え方である。動物の感覚を扱う場合には、さらに一層の慎重さが必要である。過去五十年間に生じた革命的なことがらの一つは、それまではわれわれの感覚の限界によって規定された世界のみが唯一の世界であると思われていたが、今やわれわれの感覚世界の外側に、いくつもの感覚世界が存在することが知られ、しかもその中にはほとんど信じ難いようなものがあるということである。それが存在するということは分っていても、われわれには認め得ない光景や、音、においがあることが知られ、その領域は拡大する一方である。ずっと前から、イヌはわれわれよりもはるかに鋭敏ににおいをかぎわける能力を持っていることや、ネコが暗い所でも見ることができること、フクロウの中には落葉の中でハツカネズミがたてるかすかな音を聞くことのできるものがあること、またミツバチを巣箱から一マイルはなれたところまで運んでから放しても巣に帰りつくことなどは知られていた。しかし、このような鋭敏な感覚の全貌は、それを探り、テストするのに適した技術が開発されるまでは充分に評価され得なかったのである。同じように、動物の感覚能力を理解し、探究することも、それに適した技術が完成してはじめて充分に行なわれ得たのであるが、このような技術は、往々にして、全く別の目的のために開発されたものなのであった。

コウモリが闇の中でどのようにして進路を誤らずに飛行できるのかという古くからの謎が完全に解明されたのは一九四〇年の前後にかけてであった。彼らが超音波を利用しているという発見が突破口となって、その後われわれには聞こえない音を用いて、仲間と交信したり、食物を探したり、敵から逃れたり、進路を定めたりする動物が、次から次へと発見された。

時として、新しい発見が続けざまに行なわれると、一足とびに結論を引き出そうとする誘惑が生じる。その結果、ある年代の科学者すべてが誤った方向に進んでしまうこともある。条件反射の概念はその典型である。ちょうどよい折であるから、ここでこの重要な主題について考えてみよう。

条件反射は単純な学習の一形式であるが、これを利用して感覚器官の感受性を調べる実験が広く行なわれている。この方法はパブロフがイヌを使って行なった実験によってよく知られるようになった。もともとパブロフは消化液の分泌調節のしくみを研究していたのであって、条件反射の発見はいわば副次的なものであった。イヌの口に肉を入れてやると、自動的に唾液が分泌される。唾液には食物をのみこみやすくする潤滑作用がある。唾液分泌は反射によるもので、イヌの意志では自由にならないものである。さてパブロフは、唾液の分泌は、食物がイヌの口に入るよりも前に、いやそれどころか食物を見たり、そのにおいをかいだりすることもできぬうちから、世話係が餌を与える準備をしているのをイヌが見ただけで始まるということに気づいた。彼はさらに進んで、イヌに食物を与える直前にベルを鳴らしてみたところ、やがてイヌはベルの音を聞いただけで、食物を与えられなくても、唾液を分泌するように条件づけられたのである。

パブロフは、単純な反射（たとえば食物を与えた時の唾液分泌）が、単に組み合せて与えたというだけで、全く別の刺激（たとえばベルの音）によってひきおこされ得るという原理を確立したのである。

パブロフは自分では気がつかずに、動物感覚の研究者たちの手に便利な道具を与えたのである。イヌに対して、笛の音から食物を連想するように訓練を行なえば、ゴールトン・ホイッスル（聴覚検査に用いられる笛。周波数を連続的に変えられる）を用いて、その周波数をしだいに増していき、イヌがそれを聴いても唾液を出さないようになるところを調べることによって、イヌの聴覚の上限を知ることができる。

この方法はミツバチの色覚を調べるのにも用いられた。カール・フォン・フリッシュは長い一連の実験を考え出し、その中でミツバチが食物の存在をある特定の色と結びつけるように条件づけを行なった。彼は大きさが同じで色だけが違う正方形の紙を何種類も巣箱の近くにならべ、ある一つの色の上には砂糖水の入ったガラス皿を、また他の色の上には何も入っていないガラス皿を置いた。砂糖水は無色無臭のものであった。これを繰り返し行なってミツバチがそのきまった色の紙に行くのを覚えた時、フォン・フリッシュは砂糖水をとり除いたが、ミツバチは相変らず同じ色のところへ行くことを止めなかった。実験を広げていくことによって、フォン・フリッシュは、ミツバチが赤と黒と濃い灰色とを区別できないこと、また燈黄色と燈赤色、あるいは青と紫との区別もできないことを確かめた。つまり、ミツバチはわれわれほどは色をよく見分けることができないのである。

フォン・フリッシュは用心深かった。ミツバチをひきつけたのは色ではなくて明るさであるかも知れない。彼はこの可能性を、さまざまな濃さの灰色を使った一連の実験によって否定した。何十年も前、すでにルボックはアリが紫外線を感じることを発見していた。フォン・フリッシュは、四角い色紙の上をガラスで覆うことによって、紫外線が透過しないか、すくなくとも透過量ができる限り少なくなるようにした。こうして結局彼はミツバチの可視スペクトルを調べあげ、それが人間のものとは違うことを示すことができた。

この種の実験は数多くなされたが、それらはいずれも非常に時間のかかるものであった。たとえば、イヌが聞きとれる最も高い音を知るためには、いろいろの品種のイヌを訓練し、それぞれについて何回かのテストを行なうことが必要であった。その上、たとえばモルモットのような他の動物に同じテストを行なった場合にも、正しい推論が行なわれるかどうかは確かでなかった。当時、モルモット（ギニーピッグ）の聴覚は劣っているという結論が下されたが、後になって、モルモットの場合には、じっとしていることが音に対する反応なのだということが分ったのである。

研究者が誤った結論に導かれたのはこの時ばかりではない。いまひとつの有名な例にロレンツィーニ器官がある。これはエイ（サメに近縁の扁平な魚）の頭部周辺の皮膚にある多数の小孔状の器官であるが、これに軽い圧力や熱を加えると魚に反応がみられる。つい最近ともいえる一九六三年に発行された生物学用語辞典にはロレンツィーニ器官は「温度受容器」であると定義されている。しかしその後、これが電流に対して非常に敏感であり、また、これを持つ魚は圧力や温度に対するよりも電流に対してはるかに大きな反応を示すことが発見された。たとえばこの器官は他の魚の筋肉の電気的活動を、その魚が海底にじっとしている場合でさえ探知することができる。このためロレンツィーニ器官は高感度のえさ探知器のはたらきをするのである。

幸いなことに今日では、ある感覚器官を研究しようとする場合に、昔よりもずっと多くの方法を利用することが可能である。四十年ばかり前から行なわれるようになった神経信号の傍受技術もその一つであり、これは電話の盗聴器をずっと小型化したようなものである。一本の電極を動物体にさしこんで接地の役目をさせ、もう一本の電極を神経繊維につなぐ。神経を電気的な信号が伝わると、それを電極でとり出し、増幅器で増幅して、神経インパルスを示す短い音としてスピーカーで聴いたり、オシロスコープのブラウン管上で波形として観測したりすることができる。電極をつけたまま、いろいろの刺激を比較的短時間のうちに特定の感覚器官に対して与えることによって、どのような刺激が最大の反応をひき起こすかを調べることができる。

一本の神経は何百何千という神経繊維から成り立っており、それぞれが独自のメッセージを運んでいる。一本の神経全体を伝わっているのはある感覚器官全体からのメッセージである。したがって、個々の神経繊維を伝わる信号を聴くために、一本の神経繊維に突きさすことのできる微小電極が考案された。これよりもさらに精巧な電極も作られているが、これは、感覚細胞の膜を流れて神経インパルスをひき起こすきっかけとなる電流のように、細胞のいろいろな部分での微弱な電気的現象を検出できるものである。

微小電極の発達と時を同じくして電子顕微鏡が発明された。それ以前には動物の組織の微細な構造は、実用倍率が最高千倍の通常の光学顕微鏡によってしか研究され得なかった。電子顕微鏡では、光線の代りに電子の流れを用いて組織の薄い切片を観察するので、数万倍以上の拡大が可能である。

研究方法が細かくなればなるほど研究者の視野も狭くなる。これは文字通りの意味でも、また、研究者が自分の研究しているちっぽけな構造は動物全体からみれば微小な一部分に過ぎないということをつい忘れてしまいがちだという意味でもそうなのである。こうして、感覚器官のはたらきについてのわれわれの知識と、実際に動物が毎日の生活の中でそれをどのように用いているのかということとの間に断絶が生まれる。このギャップをうめるのは決して容易なことではない。電子顕微鏡や微小電極を巧みに使いこなす科学者が、動物の行動について通り一ぺんの知識以上のものを持っていることはまれであるし、逆に動物行動学者には実験室で行なわれている精密な研究についての充分な知識が欠けているのである。さらにいうならば、行動学者が室内実験や、とらえられた動物についての観察から情報を得ているため、自分の結果と、自由に生活している野生の動物について観察されることとを同等に扱うには根拠が充分でない場合もしばしばである。

新しい発見が現在と同じ割合で続くとすれば、五十年後には、もっと緊密に構成された物語をかたることができるであろう。今われわれになし得ることは、ただ、基本感覚を順に調べ、これらがどのようにして音響探知、発電器官、天測航法などの、より広汎な分野への新しい発展に寄与したかを研究すること、そして将来さらにどのような驚くべき事実が明らかになるのであろうかと想像してみることのみである。

第二章　タッチは大事

――触覚の重要性――

感覚の進化を考えるとき、旧約聖書の創世記の言葉をもじって、次のようにいうことができる。「はじめにタッチありき」これは感覚器官のはじまりに関する記述としては――嗅覚がはじめに生じたかも知れないという議論もあり得るが――充分に理にかなったものである。現在一般に認められている考えによれば動物と植物とを問わずすべての生物は、ほとんど無構造の原形質の微小な単位から出発して進化したもので、はじめは動きまわること、食物をとり入れること、そして子孫をふやすことのほかにできることはほとんどなかった。しかし周囲を探りながら動くことはできたはずで、この論法からすれば触覚こそ最初に出現した感覚であるに違いない。そしてこれがわれわれがまず触覚をとりあげる理由である。

感覚をとり扱うには一種類ずつ取り上げていかざるを得ないが、最初にどれを持ってくるかは全く個人的な選択の問題である。正直なところ、私が触覚を最初にとり上げるのは直観によるもので論理的に正当化することは難かしい。この問題を二つの方向から考えることができる。第一はこの地球という惑星上に最初に出現した動物の生活はどのようなものであったかを想像してみることである。最近の学説に大きな誤りがないとすれば、それは三十億年またはそれ以上前のことで、また最初の「動物」は考えうる最も単純な生物と比べほとんど進んでいない――バクテリア程度の――ものではあったが運動の能力を持っていた。このようなはるかな過去に思いをはせることは、現在の動物についてその感覚がどのようなしくみで生ずるのかという秘密の奥底を探り出そうとする場合にも増して暗中模索にならざるを得ない。これから述べるように、われわれが直接に触れ、観察することのできる現生の動物についてさえ確実なことはなかなか知り難いのである。だとすれば、空想の産物の域を出ないような原初の動物について、なにか一つでも決めようというとき、その不確かさはどれほどであろうか。

第二の方向は現在の動物について比較してみることである。たとえば、受精卵が分裂し動物が発生を開始したのち、どの時点で各種の感覚がはじめて出現するのか、どの感覚が最初に動物の知覚に役立つのかを調べるのである。動物の胚を顕微鏡で観察すれば、眼があらわれ、耳の形ができ、鼻孔が形成される過程を見ることができるし、舌が拡がっていく様子さえ知ることができる。しかし触覚のように特定の感覚器官によらない全身的な感覚をこのような早い時期に見分けることは難かしい。

そこで、もっとおそい時期、つまり動物が卵の膜を破って——胎生の動物の場合には胎内をはなれて——はじめて世の中に出てきたときにどのようなことが起こるかを見ることにしよう。まず心にうかぶ例の一つは、発生のまだ早い時期に生まれてくるカンガルーの子の場合である。

生まれたてのカンガルーは、目がまだ開いていないし、耳も聴覚の器官としては働いていないと考えられる。嗅覚が生じはじめていることはほぼ確かで、また味覚もそれほど確実ではないが生じはじめていると思われる。カンガールの子が生まれてから最初にしなければならないことは、産道の出口から母親の毛皮をつたって育児嚢とよばれる袋の入口にたどりつくことで、いったん袋の中に入ってしまえば、何カ月かは母親の乳首をくわえたまま、ひたすら乳を吸って育つのである。カンガルーの赤ん坊はわれわれが見慣れている親とは違って、後あしが小さく前あしが長い。この前あしを使って母親の毛皮をよじ登っていくのだが、この場合触覚を手掛りとしているのではないだろうか？

しかし、どうして上に登っていくのだろう。母親はお産のときには尻をついてしゃがんでいるから、子はただ登っていけば袋に到達できる。おそらくカンガルーの子は重力と反対方向に進んでいくのであり、このことは重力の方向を知る感覚があることを意味している。そしてこの感覚が内耳によるものであることはほとんど確実である。

生まれたばかりのカンガルーの脳はまだほとんど発達していない。このことから、いかに感覚というものが、ごくわずかの神経組織を用いて効果をあげ得るかが分る。これはカンガルーの誕生がわれわれに教える重要な教訓の一つであるが、実のところカンガルーがどのようにして生まれてくるかが詳しく分ったのはほんの数年前のことなのである。

触覚が他の感覚よりも重要であることは、別の面からも推測できよう。人間は視覚を失ってもなお相当に充実した生活を送ることができる。聴覚を失うことは失明と同様につらいことではあるが、生活上の不便はこれよりも少ない。嗅覚を、そして恐らく味覚を失った人は多い。ヘレン・ケラー女史は生まれながらにして盲聾啞の三重苦を背負っていたが、その触覚によってほとんど奇蹟といえるような極めて充たされた生涯を送ったのである。

他の有力な意見の出ない限り、触覚は体表の全体にわたって存在するために基本感覚の中で最も破壊されにくいものであるといってよいであろう。眼は見えなく耳は聴こえなくなることがある。味覚も嗅覚も失われることがあり得る。しかし触覚は、からだ全部が破壊されない限り生きつづけるのである。

接触ということは、いわゆる感覚をともなうかどうかは別として、生命の連続性を保証する生殖の現象において基本的に重要である。すなわち、単細胞動物の接合をはじめとして、精子の卵細胞への到達によって開始される受精、また高等動物にみられるような複雑な求愛や交尾の行動にいたるまで、すべて接触または触覚が不可欠の役割を果たしているのである。

触覚の最も単純な形式は、皮膚の細胞全体が感受性を持っているといったものに過ぎない。これよりも分化した触覚の感覚器としては、皮膚に単純に枝分かれした神経終末が存在するものと、支持細胞からできた同心円状の多層構造の小体の中に少量のゼリーにつつまれた神経終末が存在するものとの二種類がある。後者の小体は皮膚の表面近くにあって、人間では指先、てのひら、足の裏、手の甲、それに舌の先端部に最も多い。

人間の皮膚の敏感さをテストするには、二本の針またはかたい毛を目かくしした人の皮膚にあて、この二本の間隔をどこまでせばめた時に一点に触れていると感じられるかを調べればよい。手の甲の場合には二点が三十二ミリメートル離れていれば二つの点として識別される。てのひらでは十一ミリメートルで、指先ではわずか二ミリメートルで識別が可能である。からだ中で最も敏感な場所である舌先ではこの距離は一ミリメートルにすぎない。口の中のただれや歯の間の隙間に舌先で触れると、とても大きく感じられるのはこのような理由による。

触覚が多くの動物、特に下等な動物にとってとりわけ重要な感覚であることは間違いない。カイメンは多細胞動物の中で最も下等な部類に属し、脳や神経が全く無く、眼も、聴覚器もない。その生活は一個所に固着したまま水中の微小な食物を自分の方へ吸い寄せるといった単純なものである。嗅覚や味覚がカイメンにあるかどうかは分らないし、大部分のものはおよそ何の感覚も持っていないように見える。しかしカイメンの中には触れると縮むものがあり、今後の研究によっては触覚がカイメンにとって最も重要な感覚であるということになるかも知れない。

触覚の本来の役割は接触や衝突を知ることにある。このためカイメンのようにひとところに固着している動物は、動きまわる動物ほどには触覚を必要としない。しかし後に述べるクモやハチのように、単に接触の有無ばかりでなく、物の長さや形まで認識できる特別に発達した触覚を持つものもある。

人間の触覚も非常に発達する場合がある。熟練したパン職人はこね粉のねばりの違いからそこに含まれる水分のわずか二パーセントの差を見分けることができる。織物商は布地の品質を手ざわりで比較するが、彼らの能力は指先にコロジオンを塗って薄い膜をかぶせても失われない。また、布地を棒でたたいて品質を判定する人も多いが、この場合、棒は感覚器の延長として働いている。カニはかたい外骨格におおわれているのに、よく発達した触覚をそなえているが、これも同じ原理によるところが大きい。また、わずか百分の三秒ほど棒で触れるだけで布地の品質が分るということは感覚の働きがいかにすばやいものであるかを教えている。

われわれの皮膚の毛も、この布地テスト用の棒と似た働きをすると考えてよい。毛根と毛穴の壁には神経が分布していて、実際に皮膚に触れなくても毛に圧力が加えられるだけで接触の感覚が生ずる。

しかし触覚には二つの主要な弱点がある。その第一は感覚を生ずるために必要なエネルギーが大きく、聴覚や視覚の場合と比べて一億倍から百億倍にも達するということである。この数字は大げさに見えるかも知れないが、むしろ触覚以外の感覚器が極めて微弱なエネルギーによって刺激されることを示しているのである。眼の感覚細胞は一個の光量子に感じるし、耳は原子の直径よりも振幅の小さい振動によって刺激される。さらに嗅覚は一個の分子によって生じ得る。後の章で発電器官に関連した感覚器について述べるが、その際にはマイクロマイクロアンペア、すなわち一兆分の一アンペアの電流が問題となる。

第二の弱点は感覚の疲労の問題である。われわれが何かに軽く触れていると、指先にある触覚の感覚器はすぐに疲労して感度が低下してしまう。しかし一種の反射作用があって、このような感度の低下を補償している。すなわち一つの指先が疲れるのにともなって別の指先の感度が増すのである。ロブスター〔ウミザリガニ。食用とする大型のエビ〕には、大きなはさみと脚だけでも五万から十万もの触毛〔触刺激に反応する感覚毛〕があるが、これも上記のことから説明できるかも知れない。

いまあげたような数字は印象的かも知れないが、われわれの主題にとってそれほど役立つものではない。同様に、触覚器の構造だけをいくら考えたところで、得るところはあまり多くないであろう。それよりは、触覚が個々の動物の生活に対して、そのごく幼い時から、いかに深い影響を及ぼし得るものかを知ることの方が、われわれとしては納得がいくのである。

何年か前にシロネズミの子を用いて行なわれた非常に面白い実験を紹介しよう。シロネズミを同数ずつの三群に分けて実験したのだが、第一のグループは一つのケージに入れて適量の餌を与え、温度や衛生状態全般についてだけは十分な管理を行なったが、手で触れることはせずに放っておいた。第二のグループも同じように育てたが、第一のグループとは違って弱い電気ショックを毎日一定の短かい時間与えた。第三のグループに対しては、この電気ショックの代りに、同じ回数と時間だけやさしくさわってやったがその他の条件は他の二グループと同じであった。

成長するに従って、電気ショックも与えず手も触れずに放っておいたシロネズミは臆病となり、ケージの隅に引込み、頻繁に尿をし、また高温や低温その他の物理的な苦境に耐えることができなかった。また、実験室での通常の「知能テスト」である問題解決標準テストの成績も、はっきりと正常値以下であった。

第二のグループでは、意外なことにショックを繰返したことによる何の悪影響もみられなかった。彼らは実際ほぼ正常なシロネズミに育ったのであるが、それでも第三の、手で扱われたグループには及ばなかった。第三グループのシロネズミは他のグループのものに比べてはるかに人なつこく、知能も健康もすぐれ、厳しい取扱いに耐える能力もまさっていた。彼らは暑さや寒さ、空腹や疲労にもよりよく耐えることができた。

これと似た例に、ウィスコンシン大学のハリー・F・ハーロウが行なったサルの赤ん坊と人工の母親に関する有名な実験がある。生後二日のサルに、それぞれ母ザルと同じ大きさで、温かいミルクの出る乳首のついた作りものの「親」をあてがった。第一の親はただの針金製のかごにすぎなかったが、第二の親は木製の台にフォームラバーをかぶせたもので、タオルで覆ってあった。どちらにも動かせる頭部があり、眼の代りに反射板が取付けてあった。またどちらも赤ん坊ザルが楽にとりついてミルクを飲めるように、後ろに傾けてあった。

どちらの赤ん坊もじきにこの人工の母親のところへ行って乳を吸うようになった。けれども針金のかごを母親代りにあてがわれた方のサルは、驚かせたりこわがらせたりすると、人工の母親の方へは行こうとせず、ちょうど手を触れずに育てられたシロネズミの場合のように、部屋の一隅にうずくまって、両眼を腕でおおいかくすことが多く、悲鳴をあげることさえあった。これに対してもう一方の赤ん坊ザルは、はるかに満ち足りた様子で、ぬいぐるみの母親に身をすり寄せたり、抱きついたり、母親の頭を回したり肩に乗ったりして長い時間を過すのだった。第一の赤ん坊に見せたのと同じ恐ろしい物体を示すと、しばらくためらってから近寄ってきてこれを調べようとし、決して逃げたり、こわがったりはしなかった。タオルの母親のソフトな感触が、ともかく一種の心地良さと安心感とを赤ん坊ザルに与えたのである。

これは触覚の働きの一側面にすぎない。また、このようなことは一見したところ高等動物にしか起こらないことのようにも思える。しかし、つぎに述べるヤドカリとイソギンチャクとの関係は、この点について多少の疑念を起こさせる。

ヤドカリはねじれた軟かい腹部を持ち、巻き貝の殻を住みかとして身を守っている。ある種のヤドカリがこの貝殻の上にイソギンチャクをつけていることは、生物の本にはしばしば出てくることでよく知られている。普通に言われているところでは、この共生関係によってイソギンチャクはヤドカリを保護する代償として、ヤドカリが捕え、引き裂いた食物の分け前にあずかるということになっているが、これはそれほど確かな証拠のある話ではない。ヤドカリとイソギンチャクとの共生関係は実際にはずっと複雑なものである。しかし特に面白いのは両者の結びつきがどのようにして行なわれるかという点である。

ヨーロッパの近海ではイソギンチャクを殻にのせているヤドカリは三種類が知られているが、それぞれが違うやり方でイソギンチャクを殻にのせる。第一のものはイソギンチャクを持ち上げて自分の殻にのせる。第二のものははさみでイソギンチャクを突ついて殻に乗りうつる行動を開始するようにしむける。第三のヤドカリの場合には、何もせずにイソギンチャクのそばにじっとしているとイソギンチャクの方から殻にのぼってくる。

この三つの場合のいずれにも触覚が関係している。第二の場合、ヤドカリがイソギンチャクを突つ

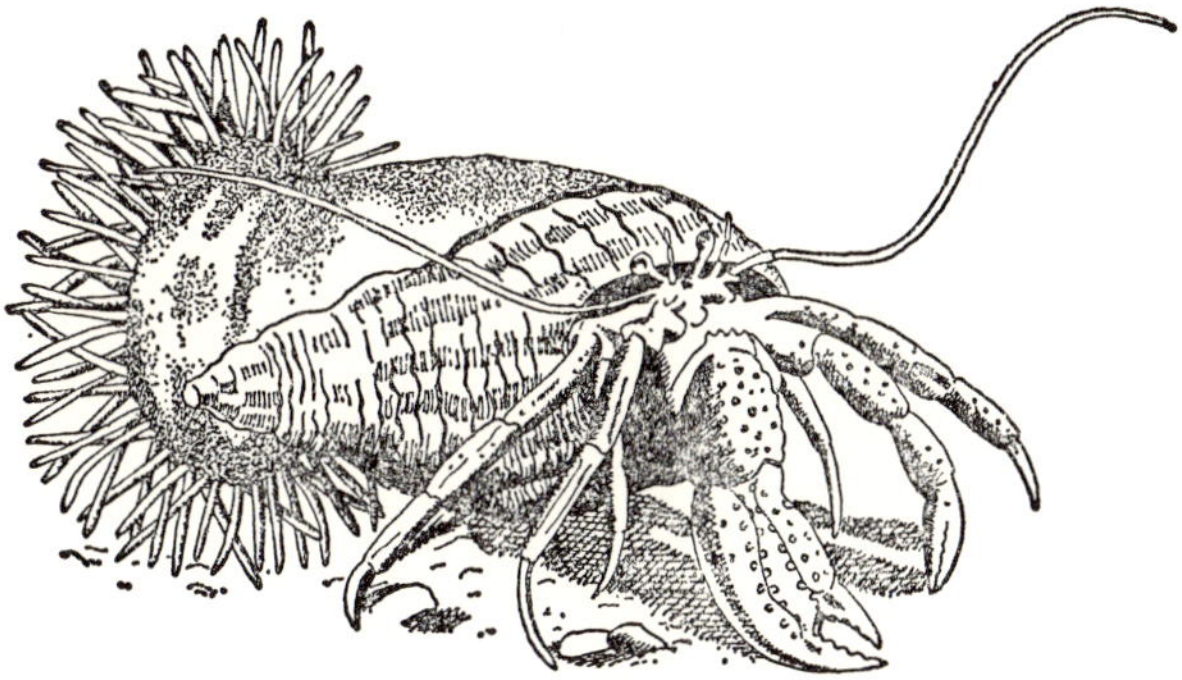

ヤドカリがすみかとしている巻貝の殻に食事仲間のイソギンチャクが共生している。このように緊密な間柄でありながら両者の間では触覚だけがほとんど唯一のコミュニケーションの手段なのだ。

くと、その接触刺激が引き金となってイソギンチャクが貝殻によじ登るという特定の行動パターンを開始させるのである。

最も興味深いのは第三の方式である。この場合ヤドカリの方からは何もはっきりした誘いがないのに、イソギンチャクは触手でヤドカリの住んでいる貝殻を探り、その触手の何本かが粘着性の刺細胞〈微小な針を発射する刺胞を持つ細胞〉によって殻に付着する。こうして殻に付着した触手の数が増すと、口部は次第に殻の表面に引き寄せられ、ついには殻に接触する。するとイソギンチャクは筋肉を収縮させ口を引き上げるので、口と殻との間に陰圧が生じ、一時的に口が吸盤の役目をするようになる。いったんこの状態になると、イソギンチャクをヤドカリが離そうとしても離れなくなる。数分後にイソギンチャクは足を引き寄せ、しっかりと殻に固着して体を正常の位置に戻す。この一連の操作は終始触覚に導かれて行なわれるように思われる。

ヤドカリが成長して、住んでいる殻がせまくなると、新しい大きな殻を見つけて移らなければならない。そこでヤドカリはヤド探しを始め、空いた殻に出会うと片はしから調べる。ヤドカリには眼もあるが、仕事ぶりから見ると殻の大きさを判定するには触覚が主要な役割を果たしているように思われる。ヤドカリは両方のはさみで殻の内外を調べてから、満足すると新しい殻のふちをはさみでつかみ、すばやく身をひるがえして古い殻から軟かい腹部を引き抜き新しい殻に入れる。

この乗り換えの際に、ヤドカリの殻にイソギンチャクがついている場合には、そのイソギンチャクは古い殻から這いおりて新しい殻を触手で探り、前記の行動を繰り返して新しい殻に乗り移る。

ヤドカリはひとまわり大きな貝殻を選ぶ際に、はさみをキャリパス（外径や内径を測る道具）として使って寸法を測っている可能性がある。このことを証明する証拠も否定する証拠もまだない（訳註――オカヤドカリにははさみを用いて殻の寸法を計測する能力があることが木下治雄・岡島昭両教授により証明された）。しかし、触覚によって寸法を測る動物はまだ他にも知られている。

ミツバチの巣は六角形の房《ぼう》が集まってできている。巣の規則正しい均一なパターンを見ても、ミツバチが房の大きさを測ることができるのは明らかなように思える。さらに、房の中には他よりも大きいものがあるが、これは雄バチを育てるための予約指定席である。女王バチが来て卵を産むときには、働きバチ用の小さい房と雄バチ用の大きい房とを見分ける必要があるが、これは女王バチの腹部の両側にある感覚毛を用いる計測によって行なわれるのである。

触覚によって寸法の計測が行なわれることの証拠は、トビケラの幼虫がなぜ巣づくりを止めるかということに関するD・メリルの研究によっていっそうはっきりと示された。トビケラの幼虫はイサゴムシとも呼ばれ、淡水に住み、その長い体を小枝や葉、小石、さらには小さな巻貝の殻などで補強した絹糸の管によって守っている。管は幼虫の頭から尾に達しており、体を後端にある鈎で管に固定したまま頭部を出して管を引きずって歩いたり、餌をとったりするのにちょうどよい長さになっている。

メリルはトビケラの幼虫は腹部後端にある感覚毛を計測器として用いているのだと考え、この感覚毛を切り落してみた。このようにされた幼虫を水に戻すと新しい管を作り始めたが、管がどんどん伸びて正常の三倍の長さに達し、ついに幼虫が消耗してしまうまで管つくりは止まなかった。感覚毛を失った幼虫には管がちょうどよい長さになったことを知るすべがなかったのである。

H・ピーターズは巣の上にいるクモを写真にとり、数学的に解析するという骨の折れる研究によって、クモの巣がなぜあのような規則的なパターンに従って作られるようになったのかを知ろうとした。彼の得た結論をいえば、クモは脚を使って網の各部分の角度を測るというのである。この結論は最終的なものではないが、充分あり得ることと思われる。彼の計算も、結論の根拠となる事実も、長大で複雑すぎてここに要約することは不可能である。しかし、他の動物でも、以下に述べるように類似のことが見られるということからも彼の結論を受けいれることは不可能ではない。

ジガバチの雌は砂地に産卵のためのたて穴を掘ってからミツバチを狩りに飛び立っていく。ミツバチに遭遇してこれを地面にたたき落すと、すばやく毒針で刺して麻痺させた後、これを穴に運び入れる。そして、その上に卵を一個産みつけ、最後に穴の入口をふさぐ。やがて卵からかえった幼虫の前には、動けずにいる生きたミツバチが新鮮な肉のごちそうとして用意されていることになる。

ジガバチについてのこの種の物語は何度となく繰り返され、そのたびにジガバチがミツバチを殺すためには、体表のかたい部分とかたい部分のつなぎ目の、やわらかい場所を探りあてて針を刺しさえすればよいのだという印象を聞く人に与えてきた。しかし、事実はそれほど単純ではないことが一九六二年にW・ラスメイアによって発見された。ミツバチの体表は、その下面の第一肢基部のすぐうしろにある極めてせまい部分を除いては、ジガバチの針を刺すにはかたすぎるということが分ったのである。この唯一の急所をジガバチはすばやく探りあて、間髪を入れずに針を刺さなければならず、さもないと反対にミツバチに刺されてしまうのである。このためにジガバチには特別の触覚器が発達していて、正確な部位を発見するために用いられている。

つまり、ジガバチは決してやみくもに刺しているのではなく、一種の熟練した外科手術を行なっているのである。動物の世界、とりわけ昆虫の世界には、おそらくこのような精巧な技術が満ち満ちていて、ラスメイア博士のような洞察力のある研究者によって発見されるのを待っているように思われる。

これと同じように、今後多くの驚くべき発見が行なわれるに違いないと思われるのは、動物のひげ(震毛ともいう)の利用についてである。モグラはほとんど絶え間のない暗闇の中で風変りな暮しをしている。眼はあっても非常に小さく(ヨーロッパのモグラは眼が閉じていない)、多分昼と夜の区別がつくのが関の山であろう。モグラの聴覚は鋭敏だといわれるが実証することは難かしい。耳介はないのに聴覚が鋭いと一般に思われていることが本当ならば、聴覚が鋭敏な動物ほど概して耳介も大きいという傾向とは反することになる。動物についての知識がまだほとんどなかった時代に、シェークスピアも「そっと歩け――盲《めしい》のモグラに足音の一つも聞かれぬように」と書いている。しかしモグラが敏感なのは聴覚が鋭いためではなくて、地面の振動を感知する能力によるという可能性もあるのだ。

ともかく二十年前、いやもっと最近まで、モグラについて一般的に書かれていたことといえば、彼らはほとんど目が見えず、聴覚と嗅覚とが鋭敏で、また振動に敏感であるというだけで、振動が、たとえば人の足から地面を伝わってくるものなのか空気中を伝わってくるものなのか、あるいは両方とも有効なのかについてさえ明らかにされてはいなかった。

当時でさえ、単にモグラの日常行動を観察することによって、何か特別な感覚器が存在するのではないかという疑いを抱いた人々はいた。そこで、接触あるいは振動、または両方の受容器として役立ちそうなものとして、モグラの頭部、とくに鼻づらを飾っている長い剛毛が調べられた。手はじめに頭部の皮膚を高倍率の顕微鏡で観察してみると、おのおのの剛毛の根元に、網目状の毛細血管にかこまれた細い神経の集合が認められた。このことからだけでも、感受性の高さが推測されたのである。

その後の研究によって、モグラには各種の触覚器官が並み外れた備わり方をしていることが判明した。その中には地面を伝わってくる振動によって、離れた場所にいる他の動物の動きを、それがミミズのような小さい動物であっても探知できるので「遠隔触覚」として役立つほど敏感なものもある。この感受性についてはよく分っていないが、モグラの皮膚には他のどの哺乳類よりも多くの触覚器官が備わっている。鼻さきにはアイマー器官と呼ばれる小突起が何百個もあり、それぞれ神経終末の束と数個の感覚細胞とから成り立っている。また、その下の皮膚中には血洞〔血管がふくれて血液がたまるようになった部分〕がある。モグラが鼻づらで土中を探るときには血液が血洞に流れ込んで鼻さきがふくれ上り、ひどく赤くなる。アイマー器官にはそれぞれ一本の小さな感覚毛が埋まっている。感覚毛は尻尾にもあって、モグラがトンネルの中で後退するときにはこれを触覚器官として用いる。モグラの毛皮には毛並みの向きというものがなく、どういう方向になでても毛が乱れることなくなびくのでトンネルの中でも楽に後退できるのである。

モグラには胴体にもピンカス板と呼ばれる鋭敏な器官があり、特に腹部には多い。これは今世紀のはじめにF・ピンカスが人体で発見したもので、人間の他には、これまでにネコとモグラにあることが知られているにすぎない。構造はアイマー器官に似ているが現在のところその働きも、またモグラにとってどのような役に立っているのかも分っていない。ただピンカス板が触覚器官であることだけはほとんど確かだといえる。その数が非常に多いことは、それが重要であることを暗示している。しかし毛皮にかくれている感覚器がどのようにして機能をいとなむのかについては、推論することも容易ではない。

モグラの剛毛については、まだ何も知られていないといってよい。しかし、その機能を推測するための手掛りとなる事実が、ごくわずかながら他の種類の動物について調べられている。その中で最も著しい例はアフリカトビネズミである。齧歯《げっし》類に属するこの動物には長い後肢と長い尻尾、それに非常に長いひげがある。昼間は穴に入っているが、夜になると出てきて砂漠の砂の上をカンガルーのように跳ねながら種子を探す。頭部の剛毛のうち二本はほとんど体長と同じ位長く、まっすぐにたれ下って、高く跳ぶ時のほかは常に先端が地面についている。高く跳ぶ時でさえ、ひげはせいぜい一時的に地面を離れるだけで、着地する時にはおそらくひげが一番さきに地面に着く。このひげによってアフリカトビネズミは地表の凹凸や進路をさえぎる障害物を知ることができるのである。

アフリカトビネズミは尻尾もたれ下って地面に接しているが、その機能は跳躍の途中であっても地面をすばやく押して右へ左へと動物の向きを変えることが主で、これは前にある二本の長いひげから脳を通じて送られてくる信号に従って行なわれる。しかし尻尾には触覚器官としての働きもある。

身近なところでは、古くから動物学者以外の人からも注目されてきたものにネコのひげがある。

跳躍中のアフリカトビネズミ。短かい前肢は毛皮の中に引っ込めている。完全な夜行性で夜間に餌をあさる動物に特有の大きな眼を持っているが，触覚をとてもたよりにしている。長いひげは，ぴょんぴょん跳んでいる時でも常に地面についているという。

一般にネコのひげは暗闇で動くとき役に立つ触覚器官であると考えられている。ネコはそのひげを用いて、じっとしているネズミを見つけることがあるともいう。しかし、ひげの一般的な機能はちょうど真っ暗な廊下を歩く時に、賢明な人ならば、両手を開き、前方に伸ばして振り動かし、障害物がないか確かめながら進むように、一種の手さぐりのための道具として用いることにあるに相違ない。

このようなひげは主に夜間に用いられるため、その働きを詳しく観察することは難かしい。しかし、ネコを手で抱いて空中で前後に振り動かすと、ひげがそれにつれて動くという事実は意味深い。ネコがじっとしている時にはひげは大体において顔の両側に沿って後向きにねている。ところがネコを前方に振り動かすとひげも前方に動き、顔よりもずっと前に出るようになる。イヌの中にも他のイヌに比べて長いひげの生えているものがある。

小さい犬ならば腕にかかえて振り動かすとネコの場合と同じようにひげが動くことが分る。カワウソのひげも体が動き出すと自動的に活動し始める。

アザラシが水から顔を出したときにはひげは顔の両わきに沿って後に倒れている。顔が水につかり、ひげが水面下になると、ひげは瞬時に前方を向く。この動きがきわめて自動的に行なわれるところから、ひげが水中での振動や接触、おそらくはこの両者の探知器として用いられていることにはほとんど疑いの余地がない。

セイウチは長い牙のある大型のアザラシと見ることもできる。この動物は餌をとるためにしばしば深く潜水して貝を口で集めるが、口の周辺には上唇から突き出た何百本ものひげがある。このひげは、もし曲ってさえいなければ編み針として使えそうなほど丈夫で長い。セイウチは北極に近い海に住み、深く暗い水中で餌をとるため、その生態の観察は困難であり、これまでこのひげの働きについて詳しく研究した人はいない。しかし、布地をテストする人が棒を使うことがあるように、セイウチは貝を探すのにひげを使うのだと推定してもよいであろう。

第三章　正しい上下関係　——平衡と定位のしくみ——

甲殻類はかたいからを着た動物である。このからにはほとんど伸縮性がないので、動物が成長するためには周期的に脱皮する必要がある。そこで、エビもカニもダンゴムシも、要するにすべての甲殻類は、大きさによって数週間あるいは数ヵ月に一度という差はあるが、背中に生じた割れ目からぬけ出して、古いからを脱ぎすてるのである。脱皮したての体は軟かく、新しいからはまだ硬くなっていない。甲殻類は傷つきやすいこのような時期をかくれて過さなければならない。からが硬くなれば、かくれがを出て普通の生活に戻る。しかし、ある種のエビには、まだひとつだけしなければならない仕事が残っているのだ。

もし、この種のエビをこのような時期に仔細に観察できるならば、エビが自分のはさみを使って砂粒を拾い上げ、そのいく粒かを左右の触角のつけ根近くにある二つの小さい穴に入れるところを見ることができるだろう。

バレリーナが行なう難かしい運動の一つにつま先き旋回がある。このとき踊り手はつま先であまりにも早くぐるぐると回転するので、その体の細かいところはぼやけて見分けられなくなる。しかしこのときでも顔だけは見分けがつく。というのは顔は体と一緒には回転しないからである。バレリーナは頭を体と同時に連続的に回転させるのではなく、すばやく顔を振る動作を繰り返しながら回転させることを覚えなければならない。こうすると頭はこまのようにスピンせず、短かい休止をはさんで急速なターンを繰り返すのである。もしこのようなトリックを用いなかったならば頭にある平衡器官が混乱を起こし、旋回が終った時にはバレリーナは目が廻って演技を続行できなくなるであろう。

本当とは思われないかも知れないが、さきほどのエビと、このバレリーナとは同じようなことを行なっている。すなわち、彼らはいずれも体の上下の関係を正しく保つための手段を講じているのである。

地球上に最初に出現した動物たちが動きまわり始めたその時から、彼らにとって自らの体を環境と他の生物とに関してきちんとした状態に保つために何らかの手段が必要となった。いいかえれば体の上下を正しく保つことと、正しい方向に進むこととが必要となったのである。そこで、たとえ簡単なものにせよ、平衡器官と定位(方向づけ)のための器官とを持つ必要が生じたに違いない。彼らをとりまく世界の中では、重力と光という二つの物理的影響だけが比較的安定していた。その中でも重力の方が変動が少なく、より広汎に利用された。しかし光もある役割を果たした。われわれ自身の平衡器官は耳の内部にあるが、上下を正しく保つためには眼も用いられる。また、まっすぐに歩くためにはわれわれは耳と目の両方を用いているのである。

われわれが立ったり、歩きまわったり、腰かけたりしている時、体の平衡はどのようにして保たれているのだろうか。しばらくの間、直立不動の姿勢をとってみるだけで、まっすぐ立っているためには絶えず筋肉の細かい調整が行なわれていることがわかる。このような調節のかぎは内耳にある二つの小さなふくろ——小嚢(球形嚢)と通嚢(卵形嚢)——にある。このふくろの内部は液体で満たされ、また、微細な毛のある感覚細胞が集まった部分——平衡斑——がそれぞれに一個所ある。平衡斑の上には肉眼では見えない位の細かさの石灰質の粒がのっている。われわれがまっすぐに立っている限り、これらの粒は重力によって平衡斑の表面に垂直に押しつけられているが、体が傾くと感覚細胞の毛も一方に傾き、粒がそれを曲げるために、そこから出ている神経が刺激されるのである。神経は信号を小脳に伝える。小脳は後脳の一部分が厚くなったもので、各種の位置受容器からの情報を綜合して正常な姿勢を保つには筋肉をどう調節すればよいかを決定する。

ふくろの中の液体は、ふくろの内面の細胞から出た微小な突起（繊毛）が打つために絶えず流動して、二つの渦をつくっている。この渦には一種のジャイロ効果があり、われわれの体が傾いたり、回ったりすると渦が影響を受け、その結果信号が脳に送られ、正常な状態を回復するための措置がとられる。

以上の点をよく理解するために、ひとつの極端な場合を考えてみよう。ある暖かい日の昼食後に、オフィスの椅子にかけていると、眠くなってくる。おりから注意を呼び起こすような急な用件は何もないので、ついうとうととしてくる。すると椅子が後ろに傾く。ハッと我にかえってあやうく体と椅子とを起こし、ひどくひっくり返らずにすむ。もし本人が探究心旺盛なたちであるならば、いったい何が自分を転倒の危険から救ったのだろうかと考えるに違いない。

この救助活動の重要な要素は小嚢と通嚢とである。そして、恐らく感覚が速く作用した結果、筋肉の調整を激しく行なう必要が生じたために、こうも速く完全に意識を覚めさせたのだろうと想像できる。

小嚢と通嚢とは、聾であるといつもいわれているヘビの耳のように聴覚を持たない耳を含めて、すべての脊椎動物の耳に存在する。科学者の中には、このことはわれわれの内耳がもともと平衡器官として生じたものであり、聴覚器官としての機能は後で付け加わったものであることを示唆するものだと考える人々もある。

内耳にはいま一つの構成要素として半規管がある。これは三個の輪になった管で、そのうち二個は互いに直交する鉛直面にあり、一個は水平面にある。管の中の液体は小嚢や通嚢の中の液体とつながっている。半規管はアルコール水準器と似た働きをする平衡器官であると思う人もあるが、実際は加速度を検出する役をしていて、われわれが頭だけ動かすとか体全体を動かすとかすると活動を始めるのである。三個の管はいずれも一端がふくらみ、その内部には小嚢や通嚢にあるのと同じような感覚細胞の集まりがある。しかし石灰質の粒はない。

半規管の働きについての記述としては、これまでのところV・B・ドレッシャーのものが最もわかり易い。われわれが頭をかしげたり、回転したりすると、半規管の内液はちょうど水を入れたコップを傾けたり、廻したり、運んだりした時の水と同じように振舞う。コップを動かしても中の水は動かずにいようとする。このとき感覚細胞の毛は液体の抵抗を受けてわずかに曲がり、その動きが神経を刺激するのである。

われわれが知っている最も初期の背椎動物の仲間で約四億年前に生きていたセハラスピス類は魚類の前段階にあたる動物だが、その内耳には半規管が二個しかない。これはセハラスピスの子孫と考えられる現在のヤツメウナギも同じである。メクラウナギはヤツメウナギに近縁で現在生きている唯一の動物であるが、構造上の多くの点で退化を示しており、半規管は一個しかない。しかしその半規管には両端にふくらみがあって、どちらにも感覚細胞の集まった部分がある。これ以外の脊椎動物はすべて三個の半規管をもち、空間と運動との三次元的認識が可能である。三つの半規管は互いに正確な

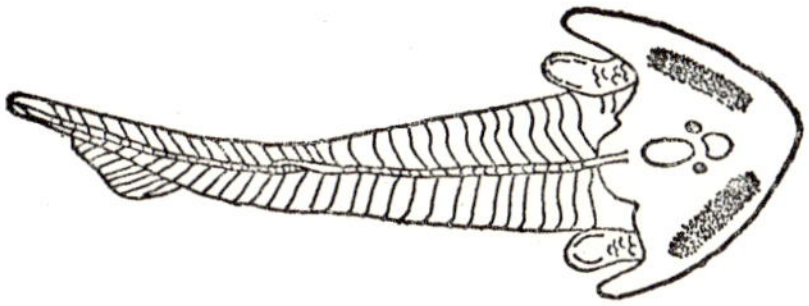

セハラスピスは現在の魚の先駆者となった動物の一つで，その化石は4億年前の岩から発見される。セハラスピスとその直系の子孫であるヤツメウナギとには普通3個ある半規管が2個しかない。

直角をなして交わり、それぞれ水平面および二つの鉛直面（前後方向と左右方向）に関して頭部の運動を検出する。

昼食後にオフィスの椅子にもたれて居眠りをした人があやうく転倒をまぬがれたのは、内耳の小嚢、通嚢、半規管とこれらにつながっている精巧な神経系のおかげだったのである。この神経は脳や脊髄のさまざまな部分に達しているので、筋肉の大部分ばかりでなくわれわれの意識および意識下の自我とも連絡している。また眼とのつながりもおそらく存在する、というのはわれわれが正しい位置をとるためには環境についての知識と結びついた視覚にたよるところが決して少なくないからである。

通嚢の感覚細胞と石灰質の粒との働きを正しく理解するためには無脊椎動物の平衡器官である平衡胞がよい参考になる。はじめにカニの場合について考えるのが一番よいだろう。

カニの第一触角の基部近くには内面を特別の感覚細胞によっておおわれた丸いふくろがあって、その内部を液体が満たしている。感覚細胞からはふくろの内側に向けて細い糸状の突起が出ているものがある。ふくろの中には一個あるいはそれ以上の石灰質の粒（平衡石）が入っている。このふくろ全体を平衡胞と呼ぶ。平衡石は平衡胞の内面にある細胞が分泌したもので、胞内を自由に動けるから常に重力によって下方へ、すなわち地面の方へ引きつけられている。胞内の液体には平衡石の動きをゆるやかに制動する働きがある。平衡石が感覚細胞に触れると神経にインパルスが生じて脳に伝えられる結果、カニが重力の方向に関して正しい位置をとるように適切な筋肉運動が指令される。

甲殻類にはザリガニのように平衡胞が二つあるものと、スジエビのように一つしかないものとがある。後者の場合、この平衡胞をとり除いても体の平衡は維持されるが、それは後に述べる光背反応という定位のしくみがあるからである。

甲殻類の平衡胞でおそらく最も面白いことといえば、ある種のエビでは、必要な石灰質を平衡胞の細胞が分泌しないという事実であろう。こういうものでは、われわれがすでに見たように動物がみずからはさみを用いて砂粒を拾い、平衡胞の外部に通じた開口部から入れるのである。この粒の中には、感覚細胞に接着されて重力を感じるためのおもりとして用いられるものもある。また、エビが脱皮する時には平衡胞もからと一緒に脱ぎ捨てられるので、エビはまた砂粒を拾って新しくできた平衡胞に入れなければならない。

いたずら好きな科学者たちは、ときどき脱皮直前のエビをつかまえて、砂の代りに鉄のやすりくずを入れた水槽に入れておく。するとエビはだまされて、脱皮のあと鉄粒を拾って平衡胞に入れてしまう。そこで磁石をエビの上に近付けると鉄粒は磁石に引かれて持ち上げられるので、それまで感覚細胞に加わっていた重さがとり除かれる。その結果エビは自分がひっくり返ったように感じて、腹を上に向けてしまうのである。このことから平衡胞は重力に反応するということがあらためて確認される。

カニやエビの平衡胞は、正しい上下関係ばかりでなく、われわれの半規管がするように、回転などの運動に関する情報も供給する。このような二重の役目を果たせるのは、感覚細胞に二種類のものがあるためである。すなわち、先が曲がった毛状の突起をそなえ重力についての情報を知らせるものと、長くまっすぐに伸びた突起をそなえ、主に平衡胞の内液の動きによって刺激されるものとの二種類がある。

動物が動くと平衡胞の内液が流動して感覚細胞を刺激する結果、神経インパルスが脳へ伝えられる。ある種の平衡胞は他の多くの無脊椎動物にも、また魚類にも存在する。魚の内耳は膜でできたふくろで頭骨の後部両側にあるくぼみの中におさまっている。この内耳は聴覚の器官であるとともに平衡器官でもあり、むしろ平衡器官としての方が重要であると思われる。体のバランスと特に関係が深いのは、他の脊椎動物の場合と同様に小嚢と通嚢とである。サメ（軟骨魚類）では石灰質の粒は互いに粘液によってくっつき合っているが、硬骨魚類では耳石と呼ばれる一つの硬いかたまりになっている。小嚢の耳石は扁平石、通嚢の耳石は礫石と呼ばれる。さらに壺（ラゲナ）と呼ばれる第三のふくろの中には星状石という名の耳石が入っている。これらの耳石にはみぞや凹凸など魚の種類によって異なる特徴があり、専門家はそれを見ただけで何という魚のものかを言いあてることができる。

他の多くの無脊椎動物にも本質的に同じ構造の平衡胞があるが、大部分は全く研究されていないといってよく、今のところただそれが平衡器官であるということが言えるだけである。しかし大きな例外がひとつある。それは昆虫とクモ類、それにこれらと近縁の陸生動物であるムカデ、ヤスデ、サソリなどの仲間で、これらは平衡胞を持たない。

クモの中でも網を張る種類のものは動物界きっての綱わたり芸人である。しかしクモには明瞭にそれと分かる発達した平衡器官がないというのは驚くべきことである。代りにクモの脚の表面には非常に目につきにくい剛毛が二本ずつ対をなして生えていて、おのおのの対の下部には一個の感覚細胞がある。この毛のことは、まだすっかり研究されたわけではないが、クモがこれを使って空気の流れを知り、巣の上で正しい位置をとるのに役立てていることははっきりしている。

この毛の働きをざっと理解するにはむしろもっとよく研究されている昆虫の平衡器官について見るのがよいだろう。たとえばトンボでは頭部と胸部の連結部分にある細い剛毛の束が重力感知装置として働らくことによって飛行時に体の平衡が保たれる。トンボはかなり原始的な昆虫で、その最古の化石は三億年前の石炭層から発見される。グライダーと同じように飛行時には自然に安定が保たれるような形をしているが、これはガガンボなどの昆虫にも見られることである。

バッタも飛行する昆虫としては原始的な方に属するが、顔面には空気の流れによって刺激される剛毛がある。この剛毛も方向安定装置の役目をするので、気流が顔の片側から斜めに当たるとバッタは翅の動きを変えて気流の方を向く。

昆虫の翅の表面にも触覚器官の働らきをする剛毛があって翅に作用する力を測る役目をしている。このほか翅の膜、特に翅脈の部分には鐘状感覚子および弦音器官と呼ばれる二種類の受容器がある。鐘状感覚子は体表のクチクラ（体表をおおっているかたい膜）が薄くなってドーム形となり、その下に感覚細胞が一個ついたものである。また弦音器官はクチクラの内面に一個の感覚細胞が直接についた構造をしている。

ミツバチの眼は実に変っている。ミツバチの眼には風が見えると言えばうそになるが、それほど見当違いなことではない。

ミツバチの眼は個眼と呼ばれるハチの巣のような六角形の単位が左右それぞれ二千五百個ずつ集まってできている。その表面には何百本もの微小な剛毛が個眼と個眼との間に生えていて、このため眼はいくぶんけばだって見えるが視界は妨げられてはいない。この毛は風が吹きつけるたびに反応してメッセージを脳に伝える。すると脳から筋肉に対して指令が送られ、風による進路のずれを修正するのである。このときの筋肉の動きはわれわれがまっすぐ立っているとき体の多数の筋肉が協調して動くのとよく似ている。

ハエのように翅が二枚でずんぐりとした体つきの昆虫はジェット機と同じ意味で不安定な飛行体であり、出力が止まったとき上手に滑空することができない。後翅は変形して平均棍という名の一対の平衡装置になっている。これは先端にこぶの付いた棒状の器官で、飛行中は前翅と同調して上下運動を繰り返す。基部は丸味を帯び前翅と同じような関節によって胸部につながっているが、その丸味を帯びた部分には何百もの鐘状感覚子が並んでいる。

平均棍が正常に上下運動をしている限り関節のまわりのクチクラには何のひずみもかからない。しかし平均棍が一方に曲げられるとクチクラはひずみ、鐘状感覚子が刺激される。ジャイロには回転軸の方向のどのような変化にもさからう性質があるが、急速な上下運動を繰り返している平均棍にもこれと似た性質がある。往復運動式のジャイロといってもよい。ハエが飛行中にぐらついたり傾いたりすると、平均棍の鐘状感覚子は触覚器官である剛毛や眼その他の感覚器官と協力して働らき、姿勢をたて直す。

平均棍を切り取られたハエは、飛ぼうとしてもうまく飛べず墜落してしまうことがテストの結果分った。しかし平均棍を切り取ったあとの切り株に人工の平均棍を取付けてやれば、ハエはふたたび飛べるようになる。また木綿糸を腹部の先端にちょうど凧の尻尾のようにつけてやっても飛行中の安定が得られるのでハエは飛ぶことができる。

弦音器官は昆虫の翅のほか脚にも多数存在し、おそらく関節の位置についての情報を送っていると考えられるが、振動によっても刺激される。バッタのように音によって相互のコミュニケーションを行なう昆虫には特に多くの弦音器官がある。触角にある弦音器官は、はじめてこれに注目した人の名をとってジョンストン器官と呼ばれる特別の構造をつくっている。ジョンストン器官は弦音器官が集まったもので触角の位置を絶えず知らせる役をする。

昆虫の触角の動きは大部分が根元から二番目の関節よりも先の部分で行なわれる。この関節から先にある触角の部分を鞭節というが、触角の第二節とこの鞭節との間の関節にあるジョンストン器官は触角が昆虫自身によって動かされた場合にも、空気の流れによって動かされた場合にも、その動きについての情報を送り出す。アリマキはこれを利用して飛行の制御を行なっているので、鞭節を切り取ってしまうとうまく飛べなくなるが、人工的に鞭節を取付けてやると、また正常に飛べるようになる。庭のバラの葉についているアリマキを見れば、これに一対の触角を人工的につけてやるのにはどんな に細かい手術が必要かがよく分る。アリマキは体長二ミリメートルそこそこに過ぎず、その極めて細い糸状の触角はさらにその半分ほどの長さしかない。

ふだん静かな水面を泳いでいるミズスマシにとって、さざ波は時として食物あるいは敵の存在を示す重要な情報となる。晴れた夏の日には、この体長数ミリメートルの黒い甲虫の一群が池や川の面をぐるぐる泳ぎまわっているのが見られる。彼らは自分たちよりもさらに小さい昆虫が水面に落ちてくるのを求めて互いに入り乱れて泳いでいて、一見混乱状態を呈しているが、決してお互いに衝突することはない。

彼らは飛行する昆虫が空気の流れによって誘導されているように、水面のさざ波によって誘導されている。ミズスマシは触角を水面に浮かべるようにして泳いでいるので、ジョンストン器官の働きによって水面の曲率を測り、さざ波が伝えるメッセージを読みとって、仲間との衝突を回避し、敵から逃げたり食物を探したりし、また眼の働きとあいまって周囲の世界に対して正しく平衡をとることができるのである。

昔の船乗りは指をなめてから垂直に立ててごくわずかの風がどちらから吹いてくるかを調べたという。アオバエはこれよりもうわ手で、飛び立とうとする前に触角を立てて風の強さを調べ、風速が毎秒約二メートル以上ならば飛行を中止する。アオバエが食物である腐った肉を探しに出かける時には、においを手がかりに風上に向かって飛行するので、風速がアオバエの飛行速度より大きければ飛び立

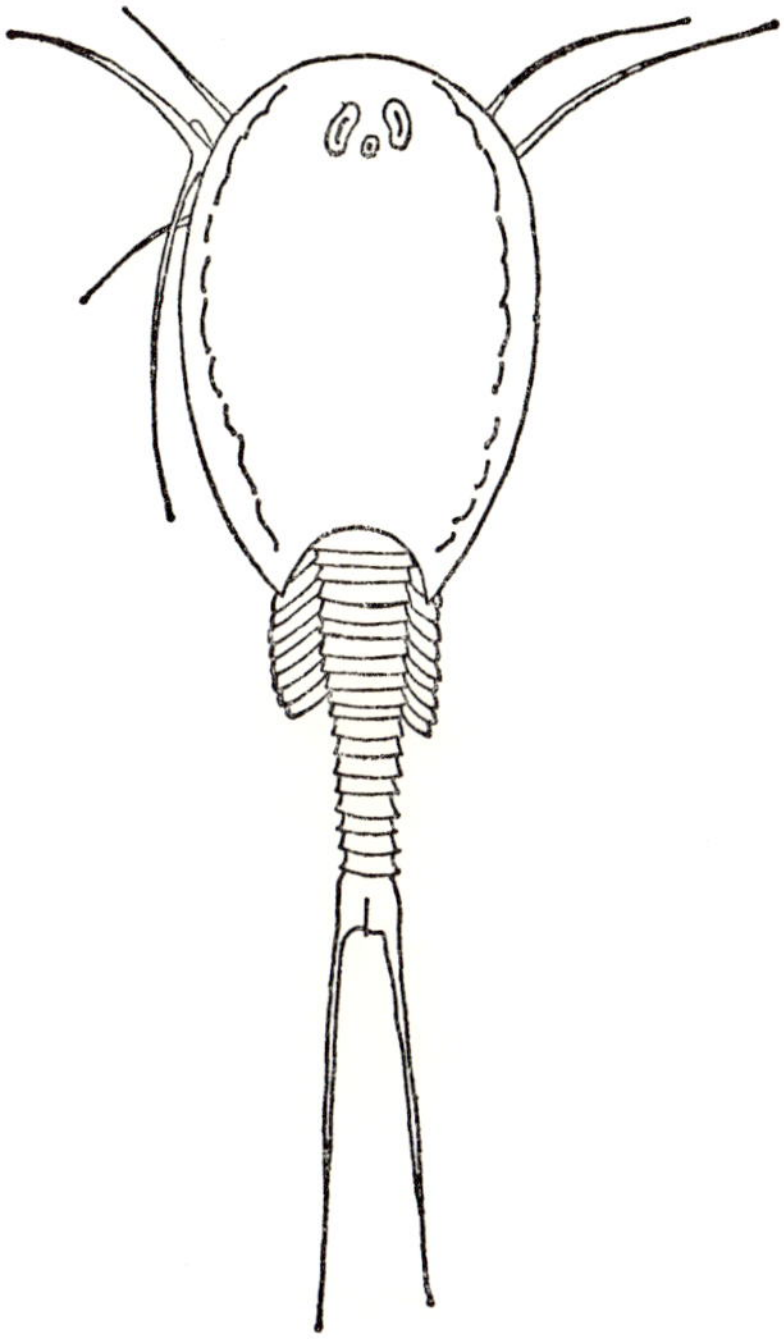

カブトエビは生きている化石の一つで，ときどき淡水の池に出現する。この原始的な甲殻類は一対のそらまめ形の複眼に入ってくる光の量を釣り合わせることによって体の位置を正しく保つ。

つこと自体に意味がないのだ。
飛行する昆虫と同じことは翅のない昆虫にもあてはまる。アリには剛毛が頸部のほか胸部と腹部の間の「腰」の部分、触角の関節部、それに六本の脚のつけ根とひざ関節のすべてに存在する。これらの剛毛は重力に関してきわめて正確な情報を提供するので、たとえば、ごくゆるやかな斜面を登る時でも剛毛が関節にあたる様子によってそれが上り坂であって下り坂ではないことがアリには分るのである。

動物にあたる光を利用することによって正しい上下関係が保たれるしくみは、光背反応と呼ばれる反応がある場合のほかは、それほど明瞭には認められない。光背反応は光に対する反応としてはこれまで知られた最も単純なものに属し、動物が傾かず正しい位置をとることを保証する手段の一つとなっている。この反応はある種の水生の甲殻類において特によく認められる。正常の状態では光は動物の上方からさしているから、動物が光に背を向けている限り上下の関係を正しく保てるのである。実験によって光に対するこの反応が眼をなかだちとして行なわれるものであることが分る。

カブトエビは淡水に住む体長二十五ミリメートルほどの原始的な甲殻類で、約二億年前に繁栄していた三葉虫類のあるものに似ている。馬蹄形の甲らをかぶっていて、その前端近くには一個の簡単な個眼をはさんで一対の複眼があり、この個眼の部分には頭部の下面に達する窓が貫通している。カブトエビは二つの複眼に入ってくる光を釣合わせることで体を水平に保っている。このために片方の複眼をペンキで塗りつぶして光が入らないようにすると、らせん形をえがいて泳ぐようになる。また、上を覆ったガラス水槽にカブトエビを入れ、下から光を当てると、ひっくり返って泳ぐようになるが、この運動を開始させるのは単純な個眼である。

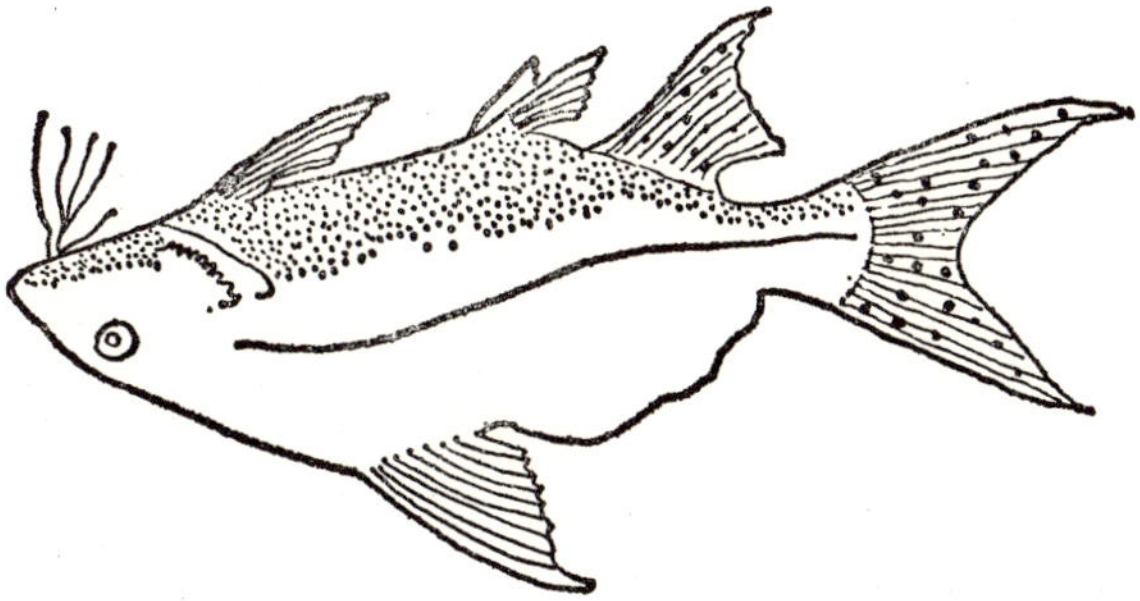

サカサナマズは腹を上にして泳ぐ習性によって古くから注目されていた。ほかに普通と違う点はただ一つ，腹側が着色していて背側が白いことである。

ブライン・シュリンプも淡水に住む原始的な甲殻類であるが、ふだんから腹を上に背を下にして泳いでいる。これに下から光を当てると、ひっくり返って背を上にして泳ぐようになる。魚に寄生し俗に魚じらみと呼ばれる甲殻類は、ふつうに泳ぐときは背を上にしているが光が下から当るとひっくり返って泳ぐ。

スジエビを横向きにすると、背面が光に向くように脚で水をかいて正常の位置まで起き直る。しかし上を覆った水槽に入れて光を下から当てても、やはり正しく起き直ろうとしてもがく。

これはスジエビには平衡をたすけるもう一つの感覚器官として平衡胞があるためである。平衡胞の機能を失わせるのは簡単だが、もしこのようにしてから光を横からあてた水槽中に横向きにねかせておくと、エビはそのままの位置でじっとしている。正常な時には平衡胞による重力の感覚と光背反応とが脚に対して同じ強さで作用し、エビに正しい位置をとらせているのである。これに対して平衡胞を除いたエビを水から出して平らな面の上に置き、横から光を当てると、横に四十五度の角度で傾く。

地面に対する接触の感覚と光背反応が相反した作用を及ぼすため、正立の状態と横向きの状態との中間で妥協点に達するというわけである。

これとよく似た反応がベラ科の魚でもみられる。暗くした水槽中で後方だけから光を当てると、魚は頭を上げて水平面に対して四十五度の斜めの姿勢をとる。下から照らした場合には正しい姿勢で泳ぐことができるが、これは内耳の平衡器官の方が光よりも強い影響を及ぼしているためである。光を横から当てるとその方に四十五度傾く。この場合には内耳と光背反応とが対抗して作用し、スジエビの場合にみられたような妥協が行なわれるのである。この魚の場合にも内耳の機能を失わせれば下からの光に対して背を下に向けて泳ぐし、また横からの光に対しては片側を下にして完全に横になる。

どういう気まぐれからか、今日生きている約三万種の魚の中で一種類だけ、いつも背を下に向けて泳ぐものがある。アフリカにすむサカサナマズがそれで、死んだ魚のように腹を上にして水面に浮かんで泳ぐという変った習性の持主であるが、体色の方も逆になっていて、背が銀白で腹が暗色なので死んでいるようには見えない。古代エジプト人はこの魚に感心したらしく、壁画や彫刻にその姿を描いている。

サカサナマズは光腹反応を示すといえばそれまでだが、どうしてこの魚だけが他のすべての魚と違うようになったのかは知るよしもない。しかし似たようなことはクラウデッド・イエロー（モンキチョウ科）の幼虫にもみられる。ふだん葉柄の上側にいる幼虫は照明を下から当てると、くるっと回って葉柄の下側に逆さにとまることが多い。これに対してふだんから逆さにとまる習性の幼虫もあって、これらでは光腹反応がみられるほか、サカサナマズと同じように背腹の色彩がふつうとは逆になっている。

コウテイムラサキの幼虫の体色は体の前部が濃く後部が淡い。この幼虫はふだん頭を上にして葉から垂直にぶら下っているのである。

フウセンムシ（ミズムシ）とマツモムシとはさらに変っている。フウセンムシは背を上にしたふつうの泳ぎ方をするが、マツモムシの泳ぎは背泳である。この二種類の昆虫はどちらも両方の短かい触角の間に空気の小さい泡をかかえていて、これが触角を頭から遠い方へ押し曲げようとする力を、触角の第二関節にある感覚器が検出するのである。マツモムシを背が上になるようにひっくり返してやると、この気泡は触角を互いに近づけるように働くので触角の感覚器官が刺激され、その結果筋肉が反応して虫の体を正常の位置に戻す。

マツモムシの場合、逆向きが正常な位置ということになるが、それを保つしくみはわれわれの目に触れるところにある。しかし多くの動物が示す光背反応についてはそのしくみを目で見ることはできない。光背反応のための感覚器官も見あたらない場合には推測にたよるしか方法がない。光によって引き起こされる化学反応は多い。われわれの網膜も写真のフィルムも光に反応する物質でできている。ある昆虫の皮膚に感光性の物質があって、これに光が当たることで神経を刺激する物質が生ずるならばそれで充分である。これは事実上の単純な視覚——ただし眼によらない——といって差支えないのである。

眼がないということは必ずしも光に感じないことを意味しない。たとえば大型の動物の皮膚に寄生するダニには第一脚のはさみに付属したうすい膜に光受容器があるものがある。ダニはこれを用いて、まだよく分っていないやり方で方向を知り、宿主となる動物にたどりつくことができるのである。

第四章　天地の震えるとき　――振動に対する感覚――

ロージーには散々な新年だった。一九七一年一月一日、若いインドゾウのロージーはロンドン市クロイドンのフェアフィールド・ホールで開かれていたサーカスを中断させてしまったのだ。彼女は芸を見せるためにエレベーターでサーカスのリングのある三階まで連れて来られたのだが、準備がとのわないうちにリングにとび出してしまい、連れ出そうとしても言うことを聞かなかった。場内は四十五分間にわたって混乱し、その間係員たちは彼女を観客席に入らせまいとして大わらわだった。この一見発作的な乱行を理解するための唯一の手掛りは、ロージーをのせたエレベーターが上ってくる途中でがたがたと振動したという報告の中にあるのだ。

この異常な行動がロージーの特異体質によつて生じたのか、あるいはゾウという動物に振動によって平静を失う性質があるのかはさだかでないが、ここで思い出されるのは地震に対する動物たちの反応である。一八三五年のある日、チリのコンセプション市では十一時三十分に馬たちが騒ぎはじめ犬はみな表に飛び出した。これより一時間ばかり前に空は一面に叫び声をあげる海鳥でおおわれた。そして十一時四十分、大地震が発生して市は粉みじんとなったのである。

似たような話は世界各地からさまざまなおりに報ぜられている。すなわち、地震の前に犬が鼻を鳴らすのを聞いたとか、馬が身ぶるいをしたとか、カモメが騒いで飛びまわったとか、ニワトリがおびえたとかいうたぐいである。これまでのところ地震の前のゾウの行動については報告されていない。

このように動物がとり乱すことには同情できる。地面のわずかな振動さえ不安を呼び起こすことがあるのだ。すくなくともある種の動物は、人間が地震に気付くより何分も前に警報を受け取っているらしいから、地面の震えに対しては特別に敏感であるに違いない。

近代戦において、海鳥は飛行機の爆音に対して驚くほどの敏感さを示した。定期的に爆撃を受けていた地域ではカモメは遠くから飛来する飛行機の音でやがて始まる炸裂音を連想するようになったとみえ、人間の耳に飛行機のエンジンの響きが聞こえるよりはるか前に鳴き声をたてながら空に舞い上り、爆撃の予告をしたのである。

ことによるとゾウは地面の震えに対して特に敏感ではなく、ロージーがかんしゃくを起こしたのは別の理由によるのかも知れない。ゾウは図体が巨大なため、歩くと崩れるような地面を特に苦手としている。このことをよく示す例がある。それは三頭のゾウをロンドンの港から動物園まで歩かせた時のことである。最初の横断歩道にさしかかった時、二頭は黒線の上を、一頭は白線の上を歩いて渡った。また、三頭とも、渡る前に線の上を片足で触って確かめたのである。その後は横断歩道があるたびに二頭は前同様に黒線だけを使って渡ったし、最初に白線を試してみて安全を確認した一頭は頑固に白線の上だけを歩き続けたのだった。

ほとんどの動物がなんらかの形の振動に対して敏感であり、また多くのものが振動を警戒することは確かである。しかし、振動が生活に不可欠の要素であったり、行動を律する重要な要素となっている動物も多い。

この後者の例としてすぐ思い出されるのは、聾であるにもかかわらず、どこからみても聴力を備えているように思われるヘビのことである。この問題はまだ充分に研究されていないが、ヘビ研究家たちの一致した意見では、おそらく地面につけている下あごを用いてその振動を感じとっているのだという。

これとは別の部類に属するものにミミズがある。モグラをペットとして飼った経験のある人なら、日照り続きの時には餌にするミミズを充分なだけ集めるのがどんなに大変なことかを知っているだろう。このようなときミミズは土中深くとぐろを巻いているのだが、夜になって露がおりると地表に出て来て、穴から半身を乗り出しているのが見られる。こんな時でさえ、つかまえるのは容易なことではない。まず赤い電燈を使わなければならない、というのは白色光では照らしたとたんにミミズはあたかも見えない手で引かれているかのようにすばやく穴の中に戻ってしまうからである。赤い光の下でも、できる限りの注意をはらってネズミのように忍び足で近づき、一気につかまえなければならない。

土地が大きく揺れ動いた時にミミズが見せる反応はさらに劇的である。園芸家ならば誰でも知っていることであるが、棒を地面に突きさして揺すると、振動の及ぶ範囲にいるすべてのミミズが地表に出てくる。これはモグラが土を掘り進んで来た時にミミズがとる反

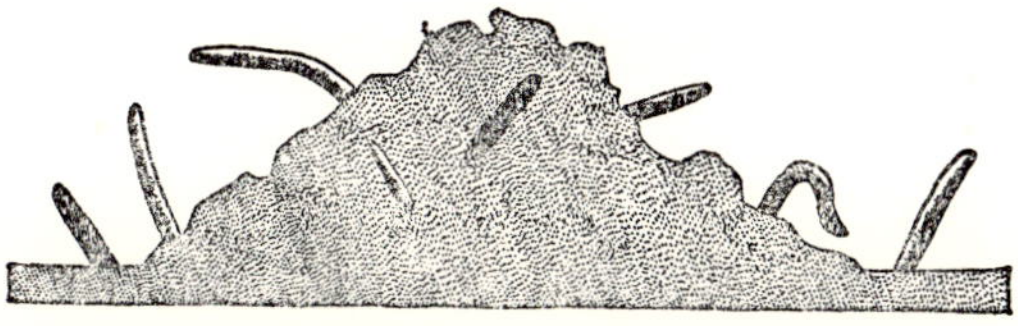

丘の上で日々繰り広げられるこのドラマは地下の振動に対する反応である。ほとんどパニック状態のミミズが緊急避難しようとして地上に出てくるのは，モグラ塚の下でモグラがトンネルを掘っていることの紛う方ないしるしなのだ。

応と同じものであるとされているが、おそらく間違っていないだろう。

モグラの方も地面の振動には敏感である。モグラ塚の下にモグラがいて、土が少し盛り上っているときに用心深く近寄って見るとよい。大きな足音をたてたり、つまずいたり、石をけとばしたりすると、土盛りはたちまち止んでしまう。このようなことさえ起こさなければミミズがモグラ塚のいたる所から逃げ出してくる異様な光景を目撃できるだろう。

科学者たちは動物、特に下等動物に恐怖の感情があると考えるべきではないといっているが、これはおそらく正しい。われわれがなし得る唯一の反論はモグラから逃げようとする時のミミズは、どこから見ても大あわての恐慌状態を示しているということである。彼らは地表に出ようと努力するあまり全くのアクロバットを演じ、地表に出るや否や他のどんな場合よりもはるかに速く這って逃げるのである。

モグラはミミズを主食として日に三百匹ほども食べるので、食べられる側としてみれば土の動きに対する反応が生まれつき備わっていることは明らかに有利である。モグラによる土の動きに対してミミズがこんなにも激しく反応することを見れば、本物の地震の時にはいったいどんなことになるのだろうと思わずにはいられない。

一八三五年のコンセプションでの地震の時には、動物がすべて馬や犬と同じように影響されたわけではなかった。このことからミミズはある種の振動に対してだけ反応し、地震には反応しないということも考えられる。選択性ということがあるらしいのだ。たとえば一本立ちの木の十メートル以上の高さの所にリスが一匹いるとき、木のまわりを人が歩いても、リスは木のまたに寝そべったまま筋肉ひとつ動かさないだろう。リスの眼は前後左右を見ることができるので頭を動かさないでも人を見ていられるのである。重要なのは人が下にいる限りそれを見ただけではよけいな警戒心を起こさないという点である。しかし、木の幹をてのひらでたたくならばリスはたちまち矢のようなスピードでまっさかさまに飛びおりるであろう。これは想像だが、このとき木にはリスをよくおそって食べるテンが登ってくる時の音と似た振動が生じたのかも知れない。

最近ではテンはめっきり減ってしまったから、そのリスはまだ一度もテンに出会ったことがないかもしれないということは問題にはならない。動物に組み込まれているこの種の反応は親から子へと遺伝によって伝えられ、それが必要でなくなった後も長い間存続するものだからである。

木の幹を手でたたくとリスが反応するのは別に驚くほどのことではない。同じことは木にとまっている鳥にもみられる。風が若木をふるわせる時も、激しく揺らす時でさえも、鳥はじっととまったまま動かないのに、木を指で一回たたくだけで鳥を眠りから覚ますには充分なことだってあるのだ。

何年か前に、湖から百メートルのところに住んでいた婦人は、人が彼女の家のドアを乱暴に閉めるたびに湖水の魚が、それもいつもきまった場所から、空中にはねるということを報告している。この理由を何人かの魚の専門家に尋ねたところ、誰も答えることができなかった。そのようなことを前に見た人はいなかったのだ。

イングランド南部に、一日中自動車の流れが絶えない幹線道路に沿った湖がある。乗用車が通るときには何事も起こらないのだが、重い荷を積んだトラックが通るたびに、きまって同じ場所で魚が跳びはねるのがみられる。その湖にはノイローゼの魚がさぞ多いに違いない！

実はこのような現象は今日のように交通のはげしい時代には決して珍らしいことではないのだが、ふつうは見過ごされているのである。魚には振動を感知するための器官が完備していること、そして振動が魚の生活を強く支配していることをわれわれに強く印象づけるという点でこれは重要な現象である。

魚屋の店頭や台所のテーブルの上の魚を見ると、体の両側に頭のすぐ後ろから尾びれのつけ根に達するはっきりとした線があるのが分る、これが側線である。拡大鏡か、できれば低倍率の顕微鏡でさらに詳しく調べると、側線の前方は三つに枝分かれして頭部にまで延びていることが分る。

側線の機能は長い間はっきりしなかったが現在ではかなりよく分っている。側線は振動に感じる感覚器官であり、魚の種類によって構造は異なるが働きの原理はすべて同じである。側線系を構成する基本的な要素は触感球と呼ばれる感覚器官で、ひとかたまりになった感覚細胞と、皮膚の表面に突き出た細い毛状の突起から成り、この突起をゼリー状の頂体がかこんでいる。この突起は圧力に反応する毛と考えてよい。魚と周囲の水とがともに完全に静止している時には、この毛と中枢神経系とを結ぶ神経繊維を伝って神経インパルスが絶えず流れているが、頂体に作用する水圧が変化して毛が少しでも動くと、このインパルスの流れのパターンが変わる。つまりインパルスの周波数が増加または減少し、これが脳に対して魚の周囲に変化が生じたことを伝えるメッセージとなるのである。

側線系は魚によってはむき出しのみぞの底に触感球が並んだだけのものもあり、また、みぞに部分的におおいがついたものもある。しかし、ほとんどの魚では触感球は体表と穴でつながった導管の中にある。いってみれば地下鉄のトンネルのようなもので、穴は地下のトンネルと垂直の通路で通じた地上出入口に相当する。このような側線系の地下トンネルは粘液で満たされていることもある。原始的な魚になるほど、単純なみぞに触感球が入っている形式の側線を持つものが多い。ほとんど水の動きがない深海に住む魚では、触感球が体表から突き出た乳頭突起の上についているものがある。おそらくごくわずかな振動ものがさないためであろう。

魚が前進しているとき水から受ける圧力は頭部の正面で高く、頭部の周囲や肩にあたる部分のように水が速く流れる部分では低い。これが正常のパターンで、この状態が続く限り触感球からのインパルスのパターンも正常である。障害物に近づくと正面の圧力が増し頂体が押されるのでインパルスのパターンが変化し、魚はこれに反応して進路を変える。この様子は水槽の魚でも観察できる。ガラスに向かって泳いできた魚が衝突の寸前に向きを変え、ガラスと平行に泳いだり、反対方向に去ったりするのはこのためである。

魚をはじめ水中を動く物体は水をかき乱す。魚はこの水の動きを側線系によって知り、それが食物によるものか、敵によるものか、あるいは同じ種類の魚によるものかを判定して適切な行動をとることができる。重いトラックが通れば小規模な地震が生じ、これが異常に大きな振動として水中を伝わるために、湖の魚はコンセプション市の地震の時の犬や馬と同じように反応して水から跳び出すのである。

側線系は川に住む魚が流れの強さを判別する場合にもおそらく役立っている。魚は休息を要する時には、これによって主流から離れた川底を見出すのであろう。魚には眼があるが、暗い夜に行動するためには他の感覚の助けが必要で、このようなとき側線系が役に立つ。これは洞窟に住む魚の場合にもあてはまり、地底の洞窟で一生を過す魚には眼がなくて側線系の非常に発達したものがある。魚は失明しても側線系によって周囲の様子を知って行動することができるので、たとえばラフという淡水産の小魚は眼を見えなくしてから太さ一ミリメートルのガラス棒を頭から十五ミリメートル以内に近づけると、これに食いつく。

この事実は側線系がいかに鋭敏なものであるかを示している。にわか盲の魚が側線系に頼ってこんなにも正確に行動でき、また湖の魚が百メートル先のドアの音によってさえパニックを起こすほどなのだから、この感覚を魚が他のもろもろの用途に利用しないとしたらその方がむしろ不思議である。実際に、他のいくつかの事実から、少くともある魚では側線系が他のどの感覚器よりも重要な位置を占め、ちょうどわれわれが視覚によって生き、犬が嗅覚によって生きるように、魚は振動の世界に生きているらしいことが知られるのである。

ドアの音やトラックの振動に対する魚の反応からみて、まず第一に予期されることは、魚をこらしめるにはその周囲を波立たせればよいということであろう。雄どうしのなわばり争いの場合のように、二匹の魚が戦う時には、前哨戦の段階で二匹が接近して並び、たがいに尾を相手に向けて激しく打ち振り合うことがある。これにどんな効き目があるかは想像に難くない。それは怒った二人の男がどなり合っているようなものなのである。

ぐっと落着いたムードでは、尾を振る行動は求愛にも用いられる。さしずめ恋人どうしの優しいささやきといったところだろう。人間の求愛の場合には、優しい言葉は体を一層ぴったりと寄せ合うために用いられる。魚の求愛においては尾の運動が二匹の間を結ぶかけ橋となるが、両者の間には肉体的な接触は起こらない。このような求愛行動では雄が体を振動させることによって雌の産卵が誘発され、こうして産みおとされた卵に雄が精液をかけて受精させる。体の接触なしに求愛し、相手に触れることなく性行為を行なうというのは多くの魚にとって全く正常な行動なのである。サケの求愛もこのようにして行なわれるので、サケの雌の近くの水をリズミカルにたたいてやるだけで人工的に産卵させることができる。

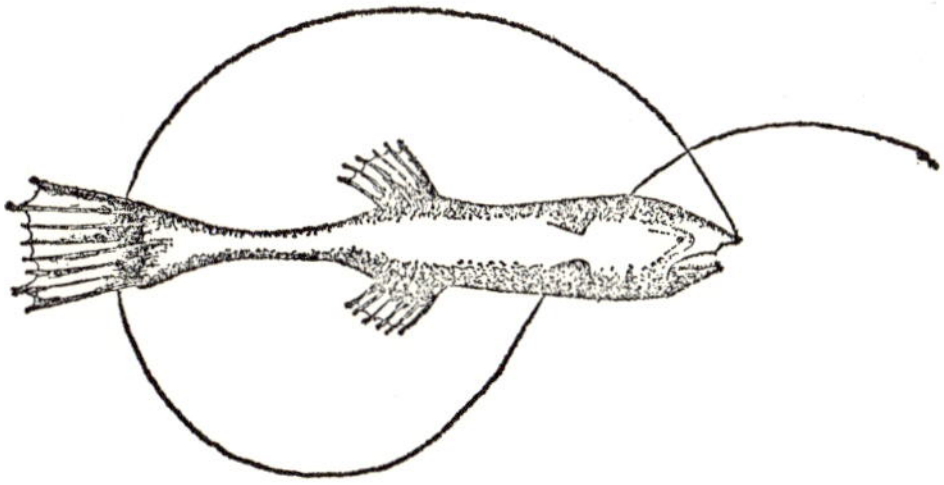

深海に住むアンコウ類の一種であるギガンタクチスは仕損じることのないつり師である。アンコウの類にはつり竿とつり糸があり，その先端には餌の代りに発光性のルアー(にせえ)がついている。ギガンタクチスのつり糸(触手)にはまっ暗な深海でルアーに近寄ってくる獲物の振動をとらえる働きがある。

魚には耳もあるが、側線系は第二の聴覚器といってもよく、愛のささやきやどなり合いのけんかとの比較は決してこじつけではない。

はじめて鉄製の潜水球で八百メートルの深海に潜ったことで知られるアメリカの動物学者ウィリアム・ビーブは深海魚に特別の興味を持った。あごから下がった触鬚に触感球があるワニトカゲギス上科の深海魚について彼が行なった実験によると、この触鬚の近くの水がほんのわずかでも動くと、魚は極度に興奮し、目に見えぬ侵入者に向かって突進したり食いついたりすることが分ったという。これは人工的に起こした水の動きを餌と間違えたのだろうが、この魚が餌をとるのに眼よりもはるかに触感球に頼っていることを示すものにほかならない。

ギガンタクチス・マクロネマという名の深海魚はアンコウ類に属し、その鼻先からは体長の四倍に達する長い釣糸がのびている。体つきはカワカマスのようで、この魚が餌をつかまえる時にはすばやく突進できることを想像させる。釣糸には普通の側線にあるような感覚器官があって水の動きを感知する。少し先にいるえじきの動きが検出されると、すばやく自分の釣糸の先端までダッシュしてこれをとらえるのである。

群をつくって泳ぐ魚は眼で仲間の魚の位置を知るほかに、側線系に感じられる振動のパターンを手がかりにして整然たる隊形を保っている。特に、危急のおりには側線系が役立つ。群の後尾にいる魚が何かに驚いて激しく身をひるがえして逃げると、その振動はただちに群の中を伝わってすべての魚に達し、緊急行動を起こさせる。整然たる隊形はこわれ、魚たちは散り散りに逃げ去るが、これには敵を惑わす効果がある。

クモはその糸によって、これとはまた別の振動を利用している。ヨーロッパのオニグモは糸で紡いだ卵嚢の中に多数の卵をひとかたまりにして産む。卵からかえったばかりのクモの子は数日間はひとかたまりとなったままでいるが、やがて散って、それぞれが小さな網を張り、自活をはじめる。卵嚢は時として低木の葉の間や、つる植物のつるに固定されているが、ここでかえったばかりのクモは人間の目にも一メートルの距離から明瞭にそれと分る目立った黄色のかたまりとなっている。鳥ならばわれわれよりも視力がすぐれているから、その低木やつるにとまってクモの子のかたまりを見つけることはもっと容易に違いない。食虫性の鳥にはクモを専門に食べるものもあるが、彼らにとってクモの子のかたまりはたまらないごちそうである。

このような、敵に対する弱点をカバーするために、クモの子には生まれつき一つの反応が備わっている。彼らは風で葉が揺れても一向に気にせず、かたまったまま動こうとしないが、鳥が枝に止った時のように軽く木を叩くと、そのかたまりは波のように動きながらひろがり始め、やがてクモの子はみな散り散りになって、かたまりは消え失せる。こうして、いくらかは鳥に食べられるかも知れないが、その他のものは助かるのである。

最初に散り散りになる時に、クモの子はめいめいが一本の糸を引いて行く。その次の時からはこの糸を伝って逃げられるのだが、その時、さらに糸を出して通路を補強するので、逃げる回数を重ねるほどそれだけ容易に、速く逃げられるようになり、攻撃に対する安全度が増す。

クモによる振動の利用としては、えものをとらえる時のことが最もよく知られている。普通は巣のすみにひそんで待ち伏せているクモは、ハエが網にかかってもがくと、その振動を感じて飛び出し、いけにえとなったハエを糸でからめてしまうのである。このことに次いでよく知られているのは求愛における振動の利用であるが、これは網を張る種類のクモに限って見られるものである。クモの雄は雌が近くにいることを、その姿を直接に見なくても分る感覚をそなえている。糸を引綱として用いるが網は張らずに狩りをするクモの場合には、おそらく雌が出した糸に前脚で触れるか、雌が通った後の地面に触れるかして彼女の存在を知るのである。

網を張るクモの場合に、雄がどうやって雌の巣を見つけるのかはちょっとした謎である。全く偶然に探し当てるのかも知れないし、雌が地上に残した糸、あるいは網を張る場所を求めて地上をさまよっていた時に残したにおいが手掛りになるのかも知れない。ともかく雌の巣が見つかると雄は雌にあてて電報を打つ。つまり彼女の網の糸をはじいて鳴らしたり、網に自分の糸をかけてこれを振動させたりするのである。雌グモには雄が鳴らす網の規則的な振動と、わなにかかったハエが暴れて発する不規則な振動とを区別することができる。もし彼女に交尾への準備がととのっていれば、自分も網を鳴らして返信を送る。これを愛の二重奏と呼んでもよかろう。雌が交尾できる状態にない場合には、雄は彼女が彼を受入れてくれるようになるまで網を振動させ続けるが、さしずめ愛人の窓の下で奏でるセレナードといったところだ。

クモの求愛行動のこのような側面については、これまでのところ他のいくつかの動物行動の分野に対するほど注意が向けられていない。しかし、このようなことはいずれはなくなるに違いない。その暁には、網を張るクモが愛の信号として奏でる音色は、同じ種類のクモであっても、雄ごとに、また雌ごとに異なっていることが証明されるかも知れない。もし全員で合奏させることができれば、まさに弦楽器による大合奏《グランド・ストリング・オーケストラ》というわけだが、その音楽は動物たちが発する他の多くの振動と同じく、人間の耳には聴こえないであろう。

一組の振動を用いて行なわれた研究だけから判断することが許されるならば、確かにクモが求愛時に発する振動のパターンは決してでたらめなものではないと考えてよさそうである。何年も前のことになるが、アメリカの博物学者W・M・バローズは自宅の玄関に巣を張るクモの行動を研究し、次のような報告をしている。彼はベルの振動子に細い毛を取付けて作った調節式のバイブレーターを使って、さまざまな周波数の振動に対するクモの行動を調べた結果、大形のクモは二十四ないし三百ヘルツ（サイクル／秒）の振動に反応することを知った。この周波数はイエバエのような昆虫の翅の振動数に相当する。これに対して小形のクモでは反応する周波数は百ないし五百ヘルツと高かったが、これはイエバエなどよりも小さい昆虫の翅の振動数に一致する。別のアメリカ人によれば、四百ないし七百ヘルツの振動を用いてクモをかくれ家からおびき出すことができた。しかし、これよりも高い周波数に対してはクモは警戒心を起こしてかくれ家に逃げ帰ったり、時には地面に飛び降りたりしたという。このような振動は危険信号となるのであろうが、この種の振動を発する敵というのは考えにくい。手をたたいて大きな音をさせてもクモは同じ反応を示したので、これは単なるショックによるものなのかも知れない。

ほとんどのクモは卵を産みっぱなしでよそへ行ってしまう。オニグモもその例にもれない。子を育てる習性を持つクモは少ないが、その一つであるシーロテス・テレストリスの場合には、子は特別の育児室である糸で紡いだ管の中で卵からかえる。母親は虫をとらえて食べる時には、その育児室を特別のパターンに従って静かに振動させるのだが、こうすると子グモたちが出てきて母親といっしょにごちそうにありつく。危険が存在する時などのように、外にいてはいけない時には母親は育児室の糸を激しく鳴らす。これが家へ帰れという絶対的な合図で、クモの子たちはそれに従うのである。

かつてはミツバチはわれわれと同じ種類の音を聴くことができると思われていたし、音を用いて話をすることができるとさえ考えられていた。昔の人は、働きバチは女王が連れ去られると声をあげて嘆き悲しみ、それを群れの他のハチにも、また飼い主である養蜂家にも知らせるのだと信じていた。養蜂家の方でもこれに応えて、心配事があると、それをミツバチに打明けてやるのだった。

ミツバチが笛やバイオリンの音を聞いて砂糖水のところにやってくるように訓練しようという試みは多くの科学者によって行なわれ、そしてすべて失敗した。事実、ミツバチはこの種の音には全く動かされないように思われる。しかし、すでに一九二五年にはミツバチの体のどこにも耳その他の聴覚装置とおぼしきもののないことが確かめられていたにもかかわらず、数年前までは科学者の間にもミツバチは空気を伝わってくる振動を聞くことができると確信している人びとがあった。

ミツバチの女王は笛を吹くような音をたてることがあり、このような時、巣にいる働きバチはじっとうずくまってしまう。今日では、これには疑いなく聴覚が関係していること、また働きバチは女王が出した音によって巣が振動するのを足で感じとって反応していることは確かと思われる。C・G・

バトラーとJ・B・フリーとは五十ヘルツで振動する電気バイブレーターを入れたココアの空きかんによってミツバチを引きつけられることを発見した。古くから養蜂家の間では群舞するミツバチを静めるには、近くでブリキの盆をたたくとよいと言われていたが、これにも一理ありそうである。

ミツバチは侵入者を撃退するためにも振動を信号として用いる。集団に警戒警報が発せられると衛兵バチたちは巣の入口で部署につく。どろぼうバチなどの侵入者を発見した衛兵たちは二、三分おきに短かい信号音を発し巣にいるすべてのハチに戦闘準備態勢をとらせる。危険が過ぎ去った時には衛兵たちはキーキーと音を立てて警報解除を告げる。ここでもハチたちは振動に反応しているのであって、巣にとりつけた電気ブザーを用いて騒ぎを静めることもできるのである。

このような振動の利用は下等動物で最もはっきりと認められるが、高等動物にもそれが認められる例が少くとも一つはある。木の上の巣でかえったひな鳥は、最初の何日間かは目が開かず、見ることができない。食物は親からもらわなければならないが、ひなたちも親が食物をのどに押し込めるように、頭を起こし口を大きく開けて協力する必要がある。目が開かない間は、ひなは親が巣の縁や近くの小枝にとまった時の振動によって頭を上げ、口を開くのである。鳥の巣を見つけて、その巣か近くの枝を軽くたたいてみれば誰でもこのことを確めることができる。

目が開いたひなは、何か動くものが見えた時に限ってくちばしを開くようになる。このようなものとしてひなが見るのは普通は親鳥の姿であるが、われわれが巣の上で指を振っても同様にひなの口を開かせることができる。

この章では振動に対する感覚を利用している動物のうち、いくつかの目立つ例を取り上げたに過ぎないが、これらの例からも、振動感覚と真の意味での聴覚とは明確に区別することができないものであることが分る。事実、この問題についての専門家の一人は、この二つの間の境界は現実には存在しないと主張している。しかし、そうではあっても、これを固体または液体を伝わってくる振動に対する振動感覚と、空気の振動を感じる聴覚とに区別できるものとして扱うのが便利である。

昆虫よりもさらに下等な水生の無脊椎動物の場合にはこのような問題は起こらない。これらの動物——たとえばクラゲやイソギンチャク、それに細長い下等な虫たち——には聴覚器官もしくはいくらかでも耳に似ている器官は何もないが、振動には反応するのである。たとえばヤムシは泳いでくる微小な甲殻類の方に口が向くように体の方向を変えるが、これは周囲の明暗に関係なく効果的に行なわれる。しかし、体表にある毛やそれに似た器官のいくつかを破壊すると、反応は効果的に行なわれなくなる。

振動を感じる毛には肉眼で見えるものと、顕微鏡でなければ見えないものとがあり、後者は不動性繊毛と呼ぶのが正しい。小形の海産無脊椎動物の中には、その行動の観察から、顕微鏡でも見ることのできない微小な「毛」があるのではないかと思えるものもある。

このような各種の剛毛はミジンコが泳ぐときに生ずるようなごくわずかの振動も探知できることがテストによって示されている。また、いく組かの剛毛の組合せによって、振動がやってくる方向を知ることも可能である。このような剛毛を利用して水中の小さなえものが動くために生ずる振動と、大きな水の流れや波とを見分けることができるのである。

剛毛や繊毛のこのような機能は、かねて推定はされていたが、これについて精密な研究が行なわれるようになったのはごく最近のことに過ぎない。いずれの場合にも棒のような突起が曲げられると、その根元にある神経細胞にインパルスが生ずるという原理は同じである。今までに得られたこのような研究結果は、従来は知られなかった新しい範疇に属する感覚について、研究の突破口がまさに開かれつつあることを物語っている。

第五章　騒がしい世界　──聴覚の驚異──

動物の感覚について書かれた本の中に、いつもきまって人間の感覚が引き合いに出されるのはおかしいと思われるかも知れないが、これは止むを得ないことである。なぜかと言えば、人間の感覚器官のことが一番よく知られているということのほかに、それが比較のための第一の基準となるからである。逆説的に言えば、われわれのまわりの世界で起こりつつあることについて全く誤った観念をわれわれに抱かせているのは、ほかならぬわれわれ自身の感覚なのである。われわれはある動物の出す音がわれわれの耳に聞こえないというだけの理由で、その動物は唖者だと考えることがある。耳らしいものがないというだけで、別の方法で振動を感じているのかも知れないのに、聾者だと思い込むこともある。これはわれわれの感覚器官に、ごく限られた能力しかないためであるが、もしその反対であったならば生きていくことは不可能だったに違いない。このことは耳と聴覚について考えてみるとき最もはっきりとするのだが、それを理解するにはまず音の性質と耳の構造とについて復習しておく必要がある。

イヌがほえる時には息で声帯を振動させる。これによって空気に振動が生じ、それをわれわれの耳は音波として受け入れる。同様に、ゴングをたたくと金属の面が前後に振動するのが見える。しかし、それによって空気中に生じた音波はわれわれの目には見えない。音波がわれわれの鼓膜に達するとそれを振動させる。鼓膜は頭の両側に入り込んでいる通路の途中に張られた薄い皮で、その奥に本当の耳がある。われわれが日常の会話で耳と呼んでいる頭の両側に張り出した部分（耳介）は、単に音波を集めて内側にある本当の聴覚装置に導くためのものに過ぎない。耳介を失っても聞くことはできるがその能力は低下する。一方、耳介がもっと大きければ音がもっとよく聞こえるようになる。このことは、耳の遠い人が本能的にするように、両耳の後ろに手をかざしてみれば容易に証明できる。

鼓膜の向う側にある、耳の実質的な部分は中耳と内耳とに分かれている。中耳は空気で満たされた部屋で、その中に三個の、いずれもピンの頭ほどの小さい骨がつながって入っているが、この骨にはその形からツチ骨、キヌタ骨、アブミ骨という名がついている。一番奥の骨は内耳に向かって開いた窓である卵円窓に接している。この窓は鼓膜の二十分の一以下の大きさしかない。

内耳は管とふくろとが組み合わされたもので迷路という名で知られ、頭蓋骨の中でも一番かたい部分の骨の中に埋まっている。それは三個の半規管と、これにつながった通嚢と呼ばれる丸味のある室、さらにその先につながっている小嚢と呼ばれる第二の室とから構成されていて、その中はすべて液体で満たされている。小嚢には蝸牛《かぎゅう》というカタツムリ形をした部分がつながっているが、卵円窓はこの蝸牛の壁に開いている。

ツチ骨とキヌタ骨とはちょうつがい式に、またキヌタ骨とアブミ骨とはボール・ジョイント式につながっている。鼓膜が振動するときその前後運動の幅はわずか〇・〇〇〇〇〇〇一ミリメートルに過ぎないが、これが三個の骨によってアコーディオン式に卵円窓に伝えられると、卵円窓は面積が鼓膜よりもずっと小さいため、二十倍に拡大された動きとなる。

卵円窓がへこむと迷路内の液体に圧力が加わる。しかし卵円窓の下には正円窓という名の第二の窓

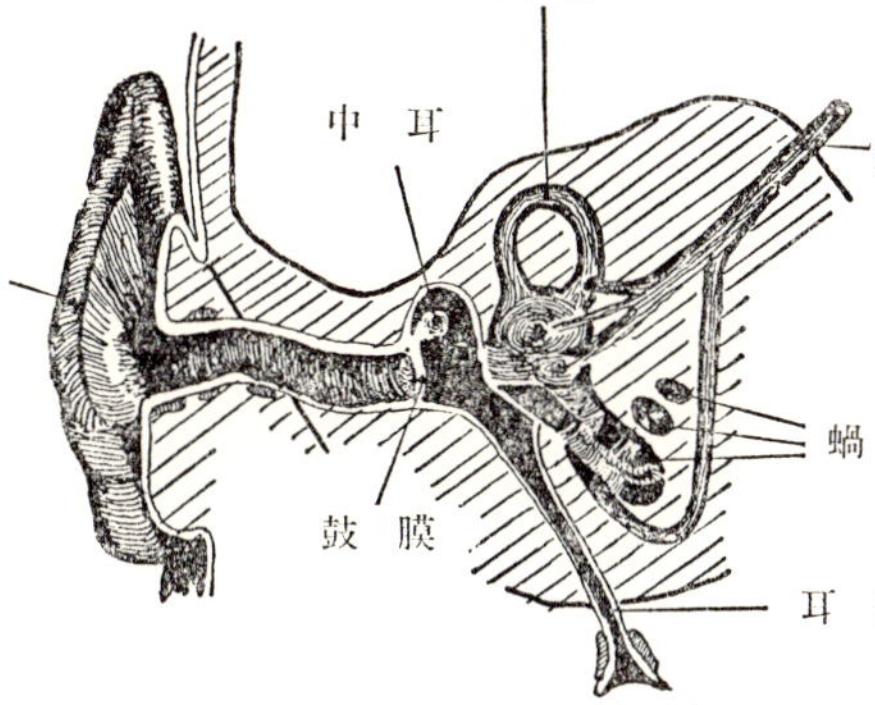

ヒトの耳の断面(模式図)。耳介によって集められた音波は外耳道を通って鼓膜に達し，それを振動させる。中耳にある微小な耳小骨はこの動きを拡大して内耳に伝える。

があって圧力を逃がす役をしている。こうして振動が迷路の内液に伝わると、液の運動は蝸牛の中心を通って巻いている細い管に作用する。この部分で神経が振動を感じ、それを微弱な電流変化として脳に伝えると脳はこれを音のパターンとして読みとるのである。

哺乳類の耳はすべてこれと同じしくみで働く。その他の動物の耳の構造はもっと簡単であるが、哺乳類の聴覚のあらましが分れば動物の聴覚のしくみと限界とについてよりよく理解することができる。

イヌには非常に弱い音が聞こえるので、主人が道を歩いてくる音を同じ部屋にいる人にはまだ何も聞こえないうちから聞くことができる。また、同じ道を歩いている大勢の人の足音の中から主人の足音を聞き分けることもできる。

イヌはわれわれが聞くことのできない音を聞くこともできる。ゴールトン・ホイッスルは無音の笛とも言われるように人間の耳には高すぎて聞くことのできない音を出すが、イヌはその音を聞くことができる。もっとも人間でも小さい子供にはその音の一部分が聞こえることもある。人間の耳は十六ヘルツ（毎秒十六回）から二万ないし四万ヘルツの振動を音として聞くことができる。このことをもう少し説明しよう。ピアノの中央のハの音は二五六ヘルツであり、ピッコロの最も高い音は四千七百ヘルツよりわずかに高い。三万ヘルツとか四万ヘルツという数字も誤解を与えやすい。子供は三万ヘルツの音を聞くことができ、聴覚の特別にすぐれた子供はもっと高い音を聞くこともできるが、年をとるにつれて鼓膜が厚くなるのでだんだんと高い音が聞こえなくなってくる。四十歳の大人は二万ヘルツ以上の音を聞くことができないし、もっと年をとればこの数字はさらに低くなる。

イヌの聴覚が人間の聴覚と異なるもう一つの点はリズム感がすぐれていることで、イヌはメトロノームの打つ速さが毎分百回から九十六回に減ったことに気がつくが、人間にはストップウォッチを使わないかぎりこの差は分らない。

イヌは耳をぴんと立てること、つまり耳を大きくして集音能力を増すことができる。イヌの耳にはこれを動かす筋肉が十七個もついているが、われわれの耳には筋肉が九個あるだけで、それも大部分の人の場合には役に立っていない。このためイヌは耳を上げ下げできるだけでなく違った方角から来る音をとらえるためにその向きを左右に変えることもできるのである。そのうえ、聞く必要のある音だけをとり出してこれに注意を集中できるように内耳をいわば遮断してしまうこともできる。イヌに向かって何か命令しても、イヌにそれをやる気がない場合には、まるで聾者のように見えることがよくある。しかし「散歩」とか「食事」という言葉ならばささやいただけで、たちまちイヌは耳をぴんと立て目を輝かすのである。

動物の中ではイヌの聴覚が最もよく研究されているが、ネコについての研究もいくつかある。それによるとネコが最もよく聞くことのできる周波数は人間の耳に聞こえる範囲よりは高いところにあるが、それでも超音波の低域にある。ネコは女性に呼ばれた時の方が、よく寄ってくるようであるが、それはこのせいかも知れない。というのはネコの耳はネズミのチューチュー鳴く声に近い高い音に対して感度が高いからである。しかし、ネズミにはネコをさらに上回る十万ヘルツまでの音が聞こえるのである。われわれの耳に聞こえるネズミの鳴き声はその低音部だけに過ぎない。ネズミが仲間に危険を知らせる時に出すもっとも高い超音波の声はわれわれにも、またネコにも聞くことができないのである。

これまでに調べられた動物はみな、その声の高さがまちまちであるように、聞こえる音の範囲もそれぞれに異なっている。動物の呼び声の大部分は非常に周波数が高いためわれわれには聞こえない。つまりわれわれのまわりの世界にはわれわれの聞くことのできないさまざまな音が満ち満ちているのである。もしわれわれにこのような音が聞こえたならば、いったいどのようなことになるかを示すものとして、われわれに聞こえるよりもはるかに高い周波数をもつコウモリの超音波についての測定値がある。コウモリの声の大きさは百デシベルにも達し、道路工事のエアー・ドリルが出す九十デシベルの騒音よりもはるかに大きい。われわれは感覚が制約されているおかげで、永遠の苦痛に満ちた不協和音をまぬかれているのである。

このように、われわれが田園の静けさと呼ぶものは、一歩人間の聴覚範囲の外に出るならば、すさまじい音響の交錯によって打ち砕かれてしまう。もう一つの強固な幻想――沈黙の大洋――も粉砕されてしまった。大洋もまた、大部分が器械によってしかわれわれには聞くことのできない不協和音に満ちた世界であることが知られたのである。これも逆説的なことであるが、われわれの耳をはじめ哺乳類一般の耳の蝸牛は液体に満たされていて、元来は水の振動を感じるのに適した構造なのである。それが空気を伝わってくる音を聞くことができるのは、ツチ、キヌタ、アブミという名の三つの小さい骨が介在して変換器として働くためにほかならない。もしこういうものがなかったならばわれわれは水に潜って、空中の音の代りに魚の話し声に耳をかたむけることができたかも知れないのである。

第二次世界大戦中に起こった二つの出来事が海中の呼び声に対して鋭い注意を向けさせることになった。一九四二年、アメリカ海軍は潜水艦による奇襲にそなえて、スクリュー音を探知するための水中聴音装置をチェサピーク湾のブイに仕掛けた。すると、設置後まもなく水面下のさまざまな方角から音が聞こえてきたのである。ただちに軍艦が出動して、すべての港湾への入口にまんべんなく爆雷を投下したのであるが、やがて水面に浮かび上がってきたのはおびただしい数の死んだ魚だけであった。音を出していたのはこの魚たちだったのである。太平洋沿岸では音響機雷が、一見何の理由もなしにいくつも爆発を起こしたが、これも魚たちが互いに呼び合う声に起爆装置が反応したのであった。

ある種の魚がドラムをたたくような音やカエルの鳴き声に似た音を出すということは、かなり前から知られていた。甘美な声で歌う海の精にまつわるサイレンの伝説は地中海東部の諸国に起源をもつものであるが、今日ではニベ科に属する魚が出す音にもとづくものと考えられている。一九四二年の出来事の後で、特にアメリカ海軍省によって行なわれた研究は海の魚による発音が極めて広汎に見られる現象であり、また、エビの類なども音を出すということを明らかにした。求愛やなわばりの防衛に音を用いる動物は、仲間の出す音を聞く能力を持ち合わせていなければならないことは明白である。

しかし、脊椎動物の中で最も下等な段階にある魚類の聴覚はいたって不完全なものである。魚には内耳があるが鼓膜はなく、また外から見ただけでは耳の存在を示すものはない。内耳は膜でできたふくろで、一部分がくびれて上部の通嚢と下部の小嚢とに分かれている。小嚢からは壺と呼ばれる小さなふくろが突き出しているが、これが哺乳類の蝸牛に当たる部分である。また平衡器官として働く三半規管もある。通嚢にも平衡器官としての働きがあって、特に重力感覚に関係している。小嚢と壺もある程度は平衡感覚に関係があるが、それよりも聴覚に関する役割の方が大きい。

発音する魚のうち、マンボウやマグロなどはのどにある特別の歯をすり合わせて音を出すが、他の魚では発音のための特別の筋肉や骨があり、また、うきぶくろが共鳴装置の役をするものが多く見られる。魚が出す音は、ブーブー、ゴロゴロ、ドンドン、シューシュー、ブツブツ、グーグーなどさまざまであるが主に低い周波数の音であり、また、魚が感じることのできるのは七千ヘルツから一万三千ヘルツの間の周波数の音だけである。音の高低を聞き分けることはできないので、可聴範囲の低域では一様な太く低い音を、高域では一様な高い音を聴いているにすぎない。このように魚が出す音はわれわれの耳には単調に聞こえるが、魚自身の持つ識別能力の低い耳にはよく合っているのである。全体的に見ると海にいる魚は主に低い音を聞き、淡水の魚は主に高い音を聞いている。

オーストリアの修道院での話であるが、修道士たちが池のコイに餌をやる時には食事の合図としてベルを振り鳴らしてコイを集めることにしていた。われわれには水中の音が聞こえないのに魚に空気中の音が聞こえるとは考えにくいことであるが、それはともかくある日のこと誰かがベルの中に下がっている金属の舌をはずしてしまったのである。それに気づかない修道士がいつもの通りに池のほとりに行ってベルを鳴らそうとしたのだが、音が出なかったのに魚たちはいつもの岸辺に集まってきたのであった。このことをさらによく調べてみるために、ベルの舌を元通りにつけ、また池のほとりについたてを立てた。こうして魚から見えないようについたてのかげにかくれてベルを鳴らしてみたところ、その音に気づいた魚はなかった。魚が集まることとベルの音の間には何の関係もないことは明らかであった。コイが集まったのは修道士の姿が見えたからに他ならなかったのである。

魚の発音に大切な役割を果たしているうきぶくろは、魚を料理する時に見ることのできる銀色を帯びたしなやかなふくろである。生きている時にはこの中に気体が入っていて、魚はこれをふくらませたり縮めたりして水中での深さを調節することができる。魚によっては内耳からうきぶくろの表面まで小さな骨がつながっているが、このようなものではうきぶくろは聴覚器官として働いていると思われる。つまり、うきぶくろは共鳴箱であると同時に水中聴音器ともなるわけである。

背骨を持った動物のうちで魚の上位に来る両生類はカエルやサンショウウオを含むグループであるが、彼らは音を聞いても全然感じない様子で動こうともしない。しかし彼らにとって発音や聴覚は大事なことであるに違いなく、もしそうでなければ種類ごとにこうも違った声――しわがれた短かいガァという声から銀の鈴を鳴らすような音楽的な響きまで――を出すはずはない。その上、カエルやヒキガエルにはとてもよく鳴くものがあり、また、一匹が鳴き始めると大勢が唱和する。このことからカエルには音を聞く能力があることは明らかで、それはまた解剖学的にも予想されることなのである。カエルには鼓膜がある。頭の後部に近い両側で卵形に皮膚の色が変っている部分がそれで、この鼓膜は二個の骨によって内耳とつながっている。その一個はもう一個のものよりもずっと大きくて耳小柱と呼ばれ、小さい方はアブミ骨と呼ばれる。耳小柱の一端は鼓膜の中心に、他端は内耳の入口にあるアブミ骨に接している。

カエルやヒキガエルは繁殖期とか性的衝動に関係のある場合にだけ聴覚を用いている可能性が強い。

これ以外の時には聴覚以外の感覚が主体となっているように思われる。たとえば、カエルの背中を鋭くつつくと、カエルは後肢を伸ばしてジャンプするが、この時に同時に音を立ててやると後肢は一層激しく伸ばされ、より遠くまでジャンプする。しかし、音を立てただけではカエルはジャンプせず、じっとしたままである。単なる推測ではあるが、このことからカエルには聴覚は存在するけれども、他の感覚、特に触覚の方がずっと重要であると思われるのである。

ヘビ以外の爬虫類の耳の構造は両生類の耳と似ているが、これよりもやや複雑である。爬虫類がどの位まで聴覚を用いているかを知ることは難かしい。彼らの習性は両生類と同様で音を聞いてもうずくまったまま注意を向けようとしない。トカゲは別で、われわれがシッシッと言うと逃げるが、これはトカゲの主たる敵はヘビであることを考えれば納得がいく。ワニは、特に繁殖期には、ずいぶん吠える。おそらく他のワニはその声を聞くことができるに違いない。

メンフクロウは完全な暗黒中でもネズミを見つけて捕えることができる。その耳は頭部の羽毛にかくれて見えないが，ネズミが草の中でたてるかすかな物音を聞きのがさないばかりか，音だけを手掛りにしてその正確な位置をつきとめることができるのだ。

ヘビには耳がないが、振動——特に地面を伝わってくる振動——を、下あごの骨によって感じて反応する。ヘビ使いのヘビが頭をもたげて左右に振るのは笛の音のためではなく、ヘビ使いの体が左右に揺れるのが見えるからである。

鳥類は爬虫類の祖先から分かれたも

ので、その耳は爬虫類や両生類のものと大差ない。耳には鼓膜と内耳とがあり、耳小柱が鼓膜の中央に接している。内耳は蝸牛があるという点でやや複雑になっているけれども、その蝸牛は哺乳類の耳の場合のように渦巻きになってはいない。大多数の鳥は外から見ただけでは耳があることは分らない。耳を見るためには羽毛を分けて見る必要がある。これにはいくつか例外があって、ダチョウの耳は頭にほとんど羽毛がなく、また耳の入口が大きいためによく目立つ。鳥の耳には耳介はないが、それでも鳥は爬虫類とは非常に違って、多くの種類の音声を用いているし、またその生活の中で聴覚が重要な役割を果たしている。しかし、実験によれば、音色の区別ができるような鋭い耳を持たない鳥も多いのである。その反面、オウムやコクマルガラスをはじめ多くの鳥がものまねの名人であり、自転車のベルのような複雑な音にいたるまで、ありとあらゆる音を上手にまねる。

メンフクロウは完全な暗黒の中でも、その耳を用いておそるべき正確さでえものをとらえることができる。このことは、完全に光をさえぎった大きな部屋で行なった実験によって疑問の余地なく証明された。その部屋の床には枯葉が敷きつめてあったが、フクロウはその中を走り回るネズミに飛びかかって、つめでつかみ、めったに仕損じることはなかった。これがネズミのにおいや体温に感じたものでないことを立証するために、脱脂綿を丸めて作った玉に糸をつけて枯葉の中を引きずってみると、玉にはにおいも熱もないのにそれが動いて枯葉が音を立てた瞬間、フクロウは飛びついて、つめでその玉をつかまえたのである。

フクロウの声域はわれわれのものとあまり変らないが、耳はもっと高い音を聞くことができる。大抵の鳥の耳は、自分たちが出す声の周波数範囲の真ん中あたりの音に対して最も感度が高い。しかしフクロウの耳は、ネズミが鳴いたり枯葉をカサコソさせたりする時のような、自分たちの声よりもず

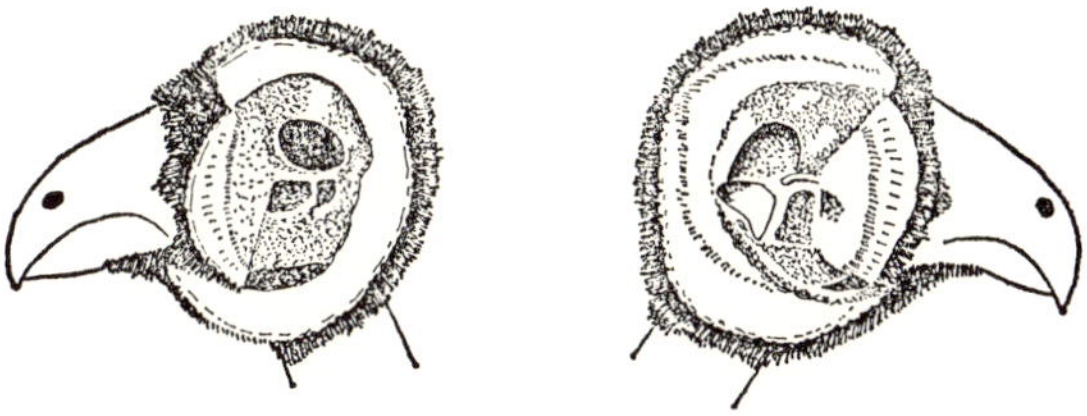

メンフクロウのすばらしい方向探知能力は外耳の非対称性によるところが大きい。これは頭部の羽毛をとり去って左右の外耳を比べた図で，音を受け取るカップ状構造が左右で形が違っていることを示している。

っと高い音を容易に聞きとることができる。このことは、メンフクロウ以外のフクロウも、それほど正確であるとは限らないが、えものを見つけるのには聴覚によるところが大きいことを思わせる。このことはフクロウは鼓膜が大きく、広い面積を使って音波を受入れられること、そして耳の小骨は耳小柱が一個あるだけであるが、これが他の鳥のように鼓膜の中央についているのでなく、中心をはずれた所についていることと関係がある。これは、鼓膜が振動するときの耳小柱の動きは、それが鼓膜の中心についている場合と比べて小さくはなるが、その代りに、より大きな力が耳小柱に作用することを意味している。鼓膜はその外縁を支点とするてこの働きをするので、ちょうどくるみ割りの長い柄が、支点の近くに置かれたくるみに大きな力を加えるように、鼓膜は中心をずれた所にある耳小柱の一端に大きな圧力を及ぼすのである。

他の鳥と比べてフクロウは頭の幅が広いので、左右の耳がかなり離れている。このため一点から音波が左右の耳に到達する時間には、ほんのわずかではあるが、ずれが生ずる。この時間の差が、耳のまわりを哺乳類の耳介のようにカップ状にかこんで鼓膜へ音を導くふくらみの持つ非対称性とあいまって、両耳による音の方向探知を可能にしているのである。あるフクロウではこのカップの大きさが左右で違っている。別のフクロウではカップは二つに仕切られ、一方だけが鼓膜に通じているが、もう一方も音波を捕えるのに役立っている。さらに別の種類のフクロウでは、それぞれの耳の前面に音波の進路を変えるフラップがついていて、この大きさが左右で異なるため音波が耳に達する時間が少しずれるようになっている。

よく、これこれの動物にはどれくらい遠くの音が聞こえるでしょうかと尋ねられるが、このような質問で一番多いのは鳥に関するものである。この点を詳しく調べた実験はない。また恐らくやってもむだであろう、というのは音の聞こえる距離は音の種類によって違うからである。二キロメートル先の爆発音を聞くことのできる鳥に、五百メートルの距離にいる仲間の鳥の歌声が聞こえないということもあり得る。これはわれわれを含めたすべての動物について言えることである。ただ、鳥には耳介がないから、その聞ける距離は——オウムは例外かも知れないが——大部分の哺乳類よりは短かいであろうと推定することはできる。

しかし、このような推測でさえも、用心深く行なわないと危険である。外耳が大きければそれだけよく音を集められるから、外耳はその動物の聴覚の敏感さについての手掛りを与えはする。しかし一方で、アフリカゾウの耳は哺乳類中最大のものであるが、表面はかなり平らなので集音のためにはそれほど適した形状ではなく、その主な機能は体の熱を逃がすことにある。つまり、アフリカゾウのひらひらした大きな耳は体の部分を冷却するために使われているのである。

外耳にはこれ以外の効用を持ったものもある。ウマ、ロバ、ウサギなどは絶えず耳の向きを変えており、また左右の耳をそれぞれ独立に動かすことができる。片方の耳が前を向いている時にもう一方の耳は後ろを向いていられるので、耳を動かしながらあらゆる方向からの音を順に聞くことも、あるいは同時に二つの方向からの音を聞くこともできる。しかし、何か怪しい物音が聞こえると、たちまち両耳ともその方を向く。これは音を一層明瞭に聞くためであると同時に、幾分かは音がどの方角からやってくるのかを知ろうとするためでもある。この方向探知法はメンフクロウのものほど正確ではないかも知れないが、それでも十分に効果的なものである。

アフリカゾウののっぺりした大きい耳とは対照的に、ひだ状の隆起のある耳もある。人間の耳のひだもそうであるが、これはかつては何の役にも立たないものであると考えられていた。しかし、わずか数年前に人間の耳の模型について、補聴器のようなイヤホーンを用いて行なわれた実験の結果、二つのことが明らかになった。一つは、もしひだ状の隆起をなくして平らにしてしまえば、耳はもはや方向探知器の用をしなくなるということであり、もう一つは、この隆起には耳に入る音波を遅らせる遮音板としての働きがあり、また、その遅れは音のやって来る角度によって変わるということである。脳は左右の耳に到達する音の時間的な差を比べて、音がやって来る方向を割り出すことができるのである。音が真正面や真後ろから来る場合にはこのような時間のずれはないが、もし左から来る場合には右耳には左耳よりも遅れて到達することになる。

哺乳類には、ウサギコウモリやブッシュベビー（ガラゴ）などのように、眠るときに耳を折りたたむものもある。これは眠りをさまたげられないよう防音の役目を果たしているのに違いない。この耳の折れ目は動物が動き回っている時も伸びきってはいない。このような耳を持つものは、聴覚に対する依存度の大きい夜行性動物に多いことからも、耳の折れ目のひだが人間の耳の隆起と同様に方向探知器の役目をするのではないかと想像したくなる。

耳介のもう一つの効用は、それを音源と反対の方向に向けることによって、耳ざわりな音を閉め出せることである。オートバイがさか火《バックファイヤー》を起こす音がすると瞬間的に耳をそむける動物は、夜間に行動するためにデリケートな聴覚をそなえている動物をはじめとして、数多い。森が騒がしい日中、ブッシュベビーは前述のように耳を折りたたんで眠る。

このように高等脊椎動物では聴覚に対する依存度が高いが、これは発達した耳を持たないものについても同様である。また、耳は頭部についている。これに対して無脊椎動物では平衡器官を持つものは多く、またほとんどのものが振動に感じるけれども、耳を持つものは、わずかの例外を除いてはいない。この例外とはキリギリス、コオロギ、夜行性のガなどの昆虫であるが、これらの耳は頭部以外の場所についている。

キリギリスは夏の間、ひねもす歌い続けると詩人たちは書いている。その音楽は声楽というよりは器楽であり、厳密に言うと摩擦音を発しているというべきなのだが、われわれの目的のためには〝歌っている〟でも充分である。

キリギリスやバッタでは歌うのは雄だけで、これがラヴ・ソングであることは雌の行動からみて明らかである。バッタ科の昆虫は後脚の腿節(ももに当たる部分)とかたい前翅の縁とをこすり合わせて鳴く。耳は体の両側の腹部と胸部の境界近くにある。これに対してキリギリスは左右の翅をこすり合わせて鳴き、その耳は左右の前脚のつけ根にある。これらの耳は体表にある長円形の窓に薄い膜が張られてできた鼓膜器官と呼ばれる構造で、内側には弦音器官という感覚細胞の集まりがあり、それから神経が出て脳に達している。従って、昆虫の耳は人間の耳よりもはるかに簡単なものではあるが、原理的には同じしくみで働く。すなわち音波が鼓膜に達してこれを振動させ、その振動が弦音器官によって神経へ、さらに脳へと神経インパルスの形で伝えられる。

前述のように、バッタは腿節と前翅をこすり合わせて鳴くが、雌雄を近づけておき、雄にガラスのコップをかぶせると、雄が歌っても雌はそれが聞こえないので何の注意もはらわない。しかし、コップをとりのけて雄の鳴き声が聞こえるようにすると、雌はただちに頭と体とを真っすぐに雄の方に向け、ついで前進する。キリギリスの耳は前脚にあるため、両耳の間を広げることによって方向探知の効率を高めることができる。

昆虫には、このほかにも、耳のように見える構造がありながら、その役目が何であるかが長い間の謎であったものがある。ヤガ科のガには、腹部が胸部につながる部分の両わきに大きな穴が開いていて、その内部に膜で内張りされた部屋があるものがある。膜の内側には脳と連絡した感覚神経があるので、この器官は耳であるように思われる。しかし、これらのガは音に対して敏感ではあるが、自分では発音しない。長い間これらのガはゴールトン・ホイッスルを吹いたり、ガラス栓をびんの口にはめたままひねったりすると、興奮した様子で羽をふるわせて走り回るということが知られていた。しかし、音に対するこの反応が防衛のためのしくみであり、しかもコウモリに対するものであることが発見されたのはついこのごろのことである。このことについては次章で述べる。

発音はするけれども耳らしいものが見当たらないという昆虫もある。甲虫類にも摩擦音を出すものがあり、特に木や地面に穴を掘るものに多い。コガネムシ科やクワガタムシ科の幼虫などにその例がみられる。シバンムシは木にうがった穴の壁に頭をぶつけて、コチコチという時計のような音をたてるが、この音は求愛の信号であると信じられている。これに対してコガネムシ科やクワガタムシ科の幼虫の出す摩擦音はお互いに相手の穴を食い破らないための合図であると考えられている。もし、音にこのような役目があるとしたならば、たとえ耳が見当たらなくとも、昆虫にはそれが聞こえていなければならないのは分りきったことである。

このほかにも、ゴキブリ、ブユ、マルハナバチなど飛ぶ時に音を出す昆虫は多いが、このような音が何かの役に立っているかどうかについてはまだよく研究されていない。モンシロチョウなどの幼虫は笛の音を聞かせると体の前部を持上げる。これは体表の毛によって音波を受けとっているのだと信じられているが、その理由は脱皮にさいして神経と毛との連絡が途切れるわずかの間、笛に対する反応が消失するからである。

名高い発明家であったハイラム・S・マキシムは一八七八年にニューヨークに電燈線を設置した時、必要な電流を供給するために用いた変圧器のまわりに、カが、それも雄のカばかりが集まることに気がついた。また彼は音叉を鳴らしても、雄のカだけが集まることを発見した。このようなことから、彼はカは触角によって音を聞くのであり、また変圧器や音叉は雌のカの羽音と似た音を出すのであるという説をとなえた。

現在では、カの翅は毎秒五百回の速さで動かされること、雄はその音を二十五センチメートル離れた所から聞くことができること、また雄の触角を切り取ってしまえば雌に対して何の反応も示さなくなるし、ゴムのりを一滴触角につけてやるだけでも雌を探さなくなるというようなことが分っている。さらに雌の脚先を細い針金にのりづけして、翅は動かせても飛んで行けないようにしてからテストすると、雌が翅を動かしている間は雄は飛んで来て交尾しようとするが、翅が止まると雄は雌がいないかのように飛び過ぎてしまうことが分った。

ニュージャージー州の草原でコオロギの大合唱を聞いて感激した男が、「電気虫鳴器」を作ったという話の興味深い顚末はジョン・R・ピアスとエドワード・E・デイビス・ジュニアによって報告されている。男にはその装置の出す音はコオロギの鳴き声になかなかよく似ているように思えたのだが、これをコオロギに聞かせたところ、案に相違してコオロギは何の反応も示さなかったのである。後になって分ったことは、コオロギが聞くことができ、また摩擦音として出すのは、人間には聞こえない超音波が主であり、われわれの耳に聞こえるコオロギの鳴き声というのは、その超音波に附随した低音であるに過ぎないということであった。

アメリカで行なわれたもう一つの「偶然的」な研究からは驚くべき結果が生まれることとなった。一九五六年のある暑い夏の夜に、ケネス・D・ロウダーは彼の家のベランダで友人たちをもてなしていた。その時、吊してあったちょうちんにガの大群が飛来したのだが、たまたま客の一人が湿ったコルク栓でワイングラスのふちをこすって、あの耳なれた高い音色を出したのである。たちまちすべてのガが地面に落ちた。ロウダーははじめ、音がガを麻痺させたか、おそらくは殺してしまったのだろうと思った。しかしガは死んでいないばかりか床の上を這いまわっていたのである。

ロウダーが同僚のA・E・トリートと行なった共同研究の結果は驚くべきものであった。彼らはこれらのガには単純な耳があることを見出したが、これはすでに知られていたことでもあり、新しい発見とは言えない。真に驚くべきことはその耳の極端ともいえる単純さのうちにあった。

ガの耳には鼓膜があり、その後ろの空気で満たされた部屋には一本の細い組織が張られている。この組織には神経細胞がたったの二個あるだけである。それぞれの神経細胞からは繊維が二本出ていて、一本は鼓膜に、反対側から出たもう一本は脳に達している。このほかに第三の神経細胞があるにはあるが、聴覚には関係がなく、その機能は分っていない。さて、コウモリがガから三十メートル以内に近づくと、その超音波の叫び声がガの鼓膜に達する。すると二つの神経細胞のうちの一つから信号が脳に送られ、その結果ガは方向を変えて、コウモリが追跡しているコースとは反対の方向に飛ぶ。こうすることで助かるチャンスがふえる理由は、コウモリはガから七メートル以内の距離に接近するまではその位置を正しく知ることができないので、方向を変えたガをとかくやり過ごしてしまうからである。しかし、もしコウモリが手際よく方向を変えてガから七メートル以内に近づいた時には、第二の神経細胞が脳に信号を送り、これによってガは翅を閉じて地面に墜落する。

これはまさに耳と耳の戦いである。コウモリが勝ってガを食べることもある。しかしガが逃げおおせる割合は五十パーセントにはなるのである。

次の問題は、ガにはどうしてコウモリの飛んで来る方向が分り、適切な逃避行動がとれるのかということである。ガの翅は耳の前上方で胸部とつながっていて、毎秒三十回ないし四十回の速さで上下に動いている。翅が打ち下ろされる時には耳に入ろうとする音を吸収し、打ち上げられる時には音を通すために、耳に達する音波の強さは周期的に変化する。コウモリが真後ろにいる時には音波の強さは変化しない。もし翅を上げた時に音が強くなるようならばコウモリは前下方にいることが分るし、左耳に聞こえる音の方が強ければ左側にいることが分る——というようなやり方で方向探知をすることが可能だと思われる。

カンガルーネズミはアメリカ南西部の砂漠に住む齧歯類で、長い後肢と短かい前肢とを持ち、夜になると出てきて砂の上をカンガルーのようにジャンプしながら食物をあさる。変った特徴の一つは下あごの後方にあって中耳をかこんでいる鼓胞というドーム形の骨が非常に大きく、脳自体よりも大きな体積を占めていることである。砂漠にいる他の動物でも大きな鼓胞を持つものがあり、古くからこれは聴覚の鋭さと関係があると考えられていた。

　カンガルーネズミは鼓膜も大きいし、また比較的最近に行なわれた研究によれば卵円窓は非常に小さいため、音は百倍にも増幅されて内耳に達する。カンガルーネズミのいる砂漠にはフクロウやガラガラヘビといった腕ききの夜のハンターたちも住んでいる。フクロウの翼は特別のふわふわした羽毛でおおわれ、これが消音装置の役をしてはいるが、ささやくような約千二百ヘルツの音を立てる。ガラガラヘビも静かなハンターだが、まさにえものをとろうとする時に、わずかに音を立てる。この音の周波数は約二千ヘルツである。

　電極を用いた測定から、カンガルーネズミの聴覚は千ヘルツから三千ヘルツの範囲の音に対して最も鋭敏であることが分った。観察によればカンガルーネズミはフクロウの音もガラガラヘビの音も聞くことができ、彼らが攻撃を加える何分の一秒か前にジャンプして身をかわすことができるのである。

第六章　反響航法　――超音波の利用――

昔の船長は水の深さを知りたい時には船を止めて測深を行なった。あまり深くない場所では船乗りの一人が船べりに行き、ひもをつけた鉛のかたまりを底に着くまで水中に降ろし、ふたたび引き上げればよかったが、非常に深い場所では鋼鉄のワイヤーに吊した測鉛をウィンチで上下したので、たとえば水深四千メートルの所では測深に二時間半もの時間を要した。現在は自記深度計が海底までの距離を時々刻々と知らせてくれるので、船長はそのダイヤルを見ていればこと足りるのである。

このようになったそもそものはじまりは、船体を内側からハンマーでたたき、そのこだまが海底から返ってくるのに耳をすますことをだれかが考えついたことにあった。音は水中では毎秒一・六キロメートルほどの速さで伝わるから、船体をたたいてからこだまが返ってくるまでの時間が分れば、その点での海の深さは単純な算術で求められる。四千メートルの深さでは反響は約五秒で返ってくる。この手っとり早い深度測定法がもとになって発明された音響測深器と呼ばれる精密器械は、信号を発射してその反響を受け取り、巻取紙の上に水深を自動的に記録して行くのである。

実際には反響定位の原理は、音響測深器が発明されるよりずっと前から、北大西洋を横断する汽船の船長たちによって利用されていた。彼等は氷山が漂流していそうな海域で夜間航行する時には、サイレンを鳴らしてそのこだまに耳をかたむけた。もしこだまが早く返って来たならば、それは間近にある氷山から反射されてきたために違いなかった。

コウモリは何百年も前から暗闇の中を飛ぶ時にこれと同じ原理を利用していた。その方法は船長が氷山に対して用いるのと同様に簡単なもので、自分の鳴き声が物体によって反射され、こだまとなって返って来るのを聞くのである。こだまが早く返って来るほど物体とコウモリとの距離は短いことになる。このような物体は昆虫すなわち餌である場合もあれば、それをよけて飛ばなければくびをへし折ってしまうかも知れない障害物である場合もある。このように物体の位置をそれが送り返してくる反響によって知る方法を現在では反響定位と呼んでいる。原理はこのように簡単であるが、それを実地に行なうための道具立ては決してそれほど簡単ではない。

星ひとつ無い暗夜か、霧に閉ざされた大西洋のまっただ中で船のブリッジに立っていると想像してみよう。サイレンが長く尾を引いて鳴らされるが何の反響も聞こえない。そこで船長が自信たっぷりに全速進行を命じたのに、次の瞬間には、ぞっとするような音をたてて船首は氷山に激突していた。サイレンを長く鳴らしすぎたために、そして氷山があまりにも近かったために、こだまはサイレンがまだ鳴っているうちに返ってきてしまい、サイレンの音で聾者となっている耳には、聞きとれなかったのである。船が氷山に近ければ近いほど、こだまは早く返ってくるから、サイレンを短かく鳴らすことが必要である。反響定位を利用するコウモリも、こだまが返って来た時にこのような一時的な聾者になっていないためには、自分の声が耳に入るのを防ぐような方法を必要とする。最良の方法は、サイレンが鳴っている間、耳をふさぐことである。

薄明りの中を高速で飛行するコウモリを観察すると、どんな障害物でも上手に避けて飛んでいることが分る。しかし、コウモリの眼は小さいので、視覚だけに頼って飛行しているようには思えない。

これは長い間人々の頭を悩ませ続けて来た難問であった。コウモリの叫び声は音が高すぎて聞こえなかったし、コウモリが声を使っていようとは誰ひとりとして思いつかなかったのである。

一九四七年のある晩に、ロンドンで開かれたある学会の会合で反響定位による海洋の深度測定に関する討論が行なわれた時のことである。会議の終りに、さる高名な老動物学者が立上り、かつて彼自身、船長が氷山の存在を探るためにサイレンを鳴らすのを見た時の様子を話し、ついで物思いにふける様子で次のようにつけ加えたのだった。「もし私にこの原理を動物に当てはめてみるだけの知恵があったならば、音響測深器ばかりかコウモリの反響定位の秘密までも、もっと早く自分自身で発見することができたかも知れません」。

それを成し遂げる機会は彼にも、他の人にもいくらでもあったのである。一七九三年の昔、イタリアのラザロ・スパランツァーニは鐘楼でつかまえてきた何匹かのコウモリを、眼をくり抜いてから、縦横にひもを張りめぐらした部屋の中に放してみた。ところがコウモリはひもの間を自由に飛びまわり、ただの一度もひもに衝突しなかったのである。この実験を現代に再現しようと思えば、コウモリの眼には接着テープを張って目かくしをし、また部屋に張ったひもは電気回路につないで、コウモリがほんのわずかでも接触すればランプが点滅するようにすればよいだろう。

コウモリには暗黒中を高速で飛びながら小昆虫を捕える能力がある。これらは何世紀にもわたって学者たちを悩ませた問題だったが，コウモリが反響定位――またはソナー――を用いて飛行し，狩りをしていることがついに明らかになった時，その発見から感覚の利用についての全く新らしい世界への突破口が生まれたのである。

スパランツァーニの実験の翌年、フランスの博物学者シャルル・ジュリヌによって一歩進んだテストが行なわれた。彼はコウモリの耳をろうでふさいで聞こえなくしてやると、何にでもふがいなく衝突してしまうようになることを発見したのである。スパランツァーニはただコウモリは視力を用いずに暗黒中を飛行できるということで満足していたのであるが、彼はコウモリは自分のはばたく音の反響によって誘導されているのではないかと推論したのだった。この考えは後の人々によっても繰り返し述べられている。たとえば大西洋航路の定期船として就航したタイタニック号が氷山に衝突して沈没し、多数の犠牲者を出した一九一二年の出来事の後に、アメリカの発明家ハイラム・S・マキシムは船舶用安全装置の発明を企てたが、彼はコウモリは自分のはばたきによって生ずる低周波の波の反響によって導かれているという確信を表明している。

ジュリヌの実験によってコウモリは耳を使って進路を定めるということが分ったが、それ以上の進展には長い時間がかかった。ようやく一九二〇年になってケンブリッジのH・ハートリッジは、コウモリがドアのわずかな隙間をすり抜けて部屋から部屋へ飛ぶことができ、絶対に衝突しないということに気づき、コウモリは周波数の高い音を利用して進路を定めているという結論に達した。彼は正しい答えまであと一歩という所に迫っていたのであるが、核心を衝く研究を行なうことができなかった。一九三二年にはオランダのS・ディークグラーフももう少しで秘密を発見できる所まで来ていた。しかし、最後に成功したのはハーヴァードの若き大学院生ドナルド・S・グリフィンで、一九三八年のことであった。

グリフィンはかねてからコウモリに関心があり、特にその移住の問題に興味を抱いていた。彼にコウモリが暗闇の中で正しく飛行できる能力について研究するようにすすめたのは友人たちであった。

彼はハーヴァード大学物理学教室のG・W・ピアス教授が〃圧電気結晶体を用いた無線周波発振器の安定化のためのピアス回路――現在までほとんどすべての無線送信器に用いられている単純で巧妙な装置〃の発明者であることを聞いた。ピアスは人間の耳が聞くことのできる範囲よりも高い音を探知して、これを人間の耳に聞こえる音に変えることのできる当時唯一の装置を開発していたのだった。

超音波とは人間の耳に聞こえない高い周波数の音を指す言葉で、これと音の速さよりも大きい速度を指す超音速という言葉とを混同してはならない。超音波に対して人間の耳に聞こえる周波数の音波は可聴音波または単に音波という。また超音波や音波を聞いて反響定位を行なう方法一般をソナーと呼ぶ。

コウモリは超音波を使っているという点だけが強調されているが、それだけではなく可聴音波も使っていることははっきりさせておく必要がある。コウモリのねぐらから聞こえるキーキーという声がそれで、その周波数は二万ヘルツ以下である。若い人は別として、大部分の人間には二万ヘルツ以上の音は聞こえない。一般に超音波という場合にも二万ヘルツ以上の音を指している。

かごにコウモリをたくさん入れてピアスの研究室にやって来たグリフィンが、そのかごをスピーカーのホーンの前に差し出すと、コウモリの出すしわがれ声が入り混って聞こえてきた。それは身震いするような経験だったが、コウモリは可聴音波の範囲内でもキーキー声を立てる上、かごの中を動きまわるときに金網をつめで引っかくので、超音波を取り出すためにはもっと注意深い研究が必要だった。その後間もなくグリフィンは生理学者であるロバート・ガランボスの協力を得て基礎的な実験を行ない、コウモリのソナーがどれほど正確なものかを示した。室内を三十センチメートルおきに垂直に針金を張って作ったカーテンで仕切り、コウモリを自由に飛ばせて針金にぶつかる回数を数えてみたところ、衝突を完全に回避し得たコウモリはいなかったが、針金の太さが一ミリメートルの時には五回のうち四回は衝突は回避された。しかし、針金をしだいに細いものに取り換えていくと衝突回数は増し、針金の直径がわずか〇・〇七ミリメートル、つまり人間の髪の毛と同じ太さになると、もはやコウモリはそれを探知できないということが分った。

コウモリは両側からスピーカーで超音波の雑音を聞かせて妨害してやっても、直径〇・三ミリメートル以上の針金ならばその存在を探知できる。この時コウモリは周囲からの雑音に比べて二千分の一の強さの反響を聞きとっているのであって、それはちょうどサッカーの試合で得点があがった瞬間の、あの観衆の大歓声の中でひそひそ話に耳を傾けているようなものである。

飛行中のコウモリが出す音の周波数は一万ヘルツから十万ヘルツにも及ぶが、普通は三万ヘルツから六万ヘルツの間にある。ところで前述のように非常にかすかな反響をも聞き逃さないためには、自分の声によって聴覚が乱されないように、叫び声を出している間は耳を閉ざしていることが必要である。これは耳小骨のひとつであるアブミ骨を、それに付着している小さい筋肉を縮ませて、内耳へ通ずる卵円窓から引き離すことによって行なわれている。つまり聴覚を途中で遮断してしまうわけである。コウモリはこのように耳をさえぎって声を出し、声が終ると同時にこんどは筋肉をゆるめてアブミ骨を卵円窓に接触させ、内耳の蝸牛によってこだまを聞くことができるようにする。この断続動作はコウモリの飛行中ずっと行なわれている。

ピアスが考案した機械のようなコウモリ探知器で聞くと、コウモリの声はガソリン・エンジンが低《アイ》速回転《ドリング》するときのような、ゆっくりとしたポコポコという音に聞こえる。このような音は定位音あるいは探索音である。何か固い物体——木の枝でも、グリフィンが実験に使った針金でも、食物となる

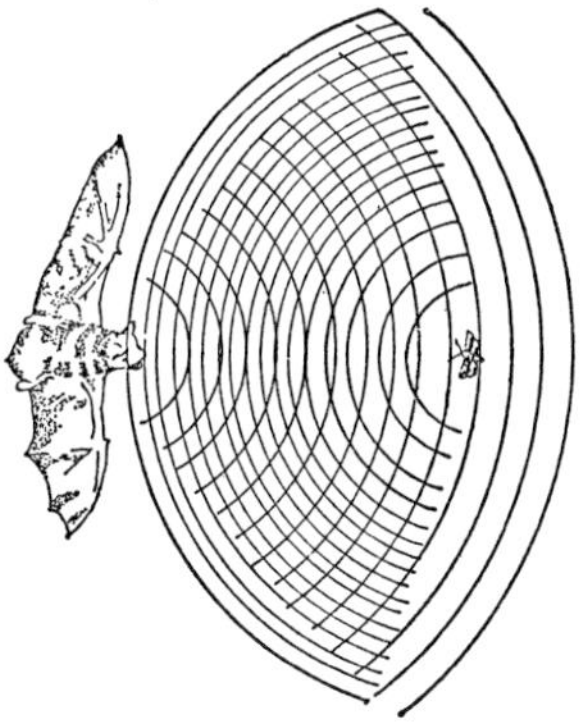

コウモリは昆虫をそれが反射する音波によって見つける。コウモリの鳴き声による音波（右に凸になった曲線で示す）は固体にぶつかるとこだまとなって返り，コウモリの耳に達する（左に凸になった曲線。曲線の間隔は波長，従って周波数に対応し，それらが変化することを示している）。

昆虫でもよい——に接近すると、この声はスピードを増す。昆虫からわずか数センチメートルのところでは発声回数は、巡航時の毎秒四、五回から毎秒二百回にまで増加する。昆虫を追うコウモリの音をコウモリ探知器で聞くと、巡航時のポコポコ音から急速に高まって、さながら帯のこぎりのうなりのような音となる。昆虫をつかまえた後では、この叫び声は毎秒四、五回の巡航及び探索時のペースに落ちる。しかし新たな昆虫や障害物を探知すると、ふたたび上昇してハイピッチの音となるのである。ショウジョウバエは熟れすぎたバナナに雲のように群がるピンの頭よりも小さいほどの昆虫であるが、テストの結果ではコウモリは一匹のショウジョウバエを五十センチメートル、ときには一メートルの距離からでも探知できることが明らかとなった。また、これよりも大きい八ミリメートルの昆虫ならば二メートル離れた所から見つけることができるのである。

グリフィンとガランボスによって、動物の感覚器官のこのように途方もない働きが世に知られるようになってから三十年ばかりの間に、いくつもの大きな進歩があったが、これらは主に細部の解明に関するものであり、その結果、コウモリはわれわれが視覚の世界に生きているのと同じ確かさで音と反響の世界に生きているのだということが一層よく理解されるようになった。ウサギコウモリの反響定位は非常に精密で識別能力が高いので、暗闇の中で木の枝の間を飛びながら葉に止まっている極めて小さな昆虫をつかまえることも可能である。コウモリには、たとえばホテルから鉄橋までの百メートルの道路の上をパトロールするというように、めいめいが定まった空間で夜ごとの狩りを行なう傾向があるので、彼らの頭の中にはそのあたりの非常に細かい点まで記入された反響地形図ともいうべきものがあるに違いない。ホリカワコウモリやアブラコウモリのように集団をつくって飛ぶコウモリの場合には、仲間が一せいに出す音に負かされずにかすかな反響を聞きとらねばならない。これには非常に精密な識別能力が要求されるが、同じことはコウモリがそれぞれの波長のわずかな差によってお互いを識別しているらしく思われることについても言える。

科学における発見の歴史を振り返ってみると、同じ問題を同時に地球上の別の場所にいる研究者たちが、お互いに相手のしていることには全く気づかずに研究していたということがよくあるが、コウモリの反響定位の場合もそうだった。

グリフィンが――後にはガランボスの協力も得て――研究していたのはアメリカにいるホオヒゲコウモリとホリカワコウモリとについてであった。研究は一九三八年に始められたが、最初の論文が出版されたのは一九四二年になってからのことで、当時は誰もがコウモリなどのことよりは第二次世界大戦の動向に心を奪われていた。その頃ドイツではF・P・メーレスがキクガシラコウモリについて同じような結論に到達していた。しかし、グリフィン＝ガランボス組とメーレスとは互いに相手の研究のことを何も知らずにいたのだった。

ホオヒゲコウモリとホリカワコウモリとはともに小型の食虫性コウモリであって、他の大部分の小型食虫性コウモリと同様に口を開いて声を出す。これに対してキクガシラコウモリは口を閉じて鼻から声を出す。ホオヒゲコウモリなどが出す超音波の叫び声は短かいパルスが頻繁に繰り返される形式をとるが、キクガシラコウモリは爆発的なパルスをもっと長い間をおいて発する。このような違いは顔の形とも関係している。キクガシラコウモリは顔に馬蹄形をした皮膚のひだがあるため、英語ではホースシュー・バット（馬蹄コウモリの意味）と呼ばれている。顔にこのようなひだのあるコウモリの種類は多く、醜悪な容貌の原因ともなっているが、中には非常に複雑な形をしたひだもある。このひだは鼻葉と呼ばれるが、メーレスの研究によってこれが超音波の声を一方向に向けて送り出す役目をしていることが明らかにされるまで、その働きはまったく分らなかったのである。光線の場合にたとえれば、鼻葉のないコウモリは暗闇でマッチをすっているようなものであるのに対して、キクガシラコウモリは懐中電燈を使っているようなものだと言うことができる。キクガシラコウモリが飛行しているとき、鼻葉は絶えず左右に向きを変え、音波を二十度の狭い角度で集中的に発射しながら進行方向の左右に振り向けている。これと同時に耳は毎秒六十回の割合で前後に動き、方向探知器の役をする。

ホオヒゲコウモリの仲間は周波数が高↓低、そして再び低↓高と変化する周波数変調されたパルス

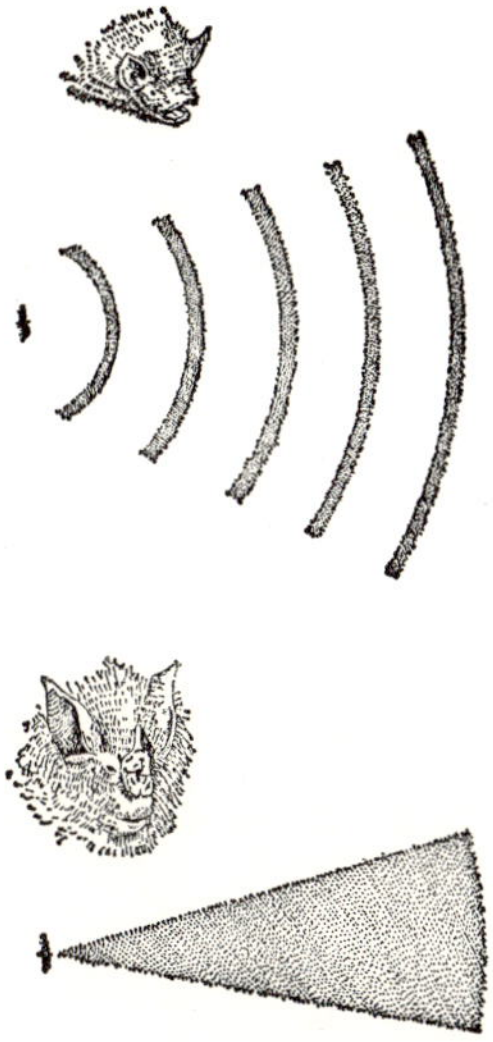

ヒナコウモリ科のコウモリ（上）とキクガシラコウモリとにみられる反響定位の主要な違いを示す模式図。大部分のコウモリ（上）は口からパルス状の叫び声を発するがキクガシラコウモリは鼻から一定周波数の声を細いビーム状に出し，それをサーチライトのように振り動かす。

を発する。一方、キクガシラコウモリの出す音はほとんど周波数が変化しない。このような違いにどのような意味があるのかについてはまだ完全には分っていない。

熱帯地方にいるオオコウモリ科のコウモリは大きな眼と効率のよい鼻孔とをそなえているため、飛行のためにも、食物を見つけるためにもほとんど反響定位を必要としないが、舌でパチンという音を出すことによって原始的な反響定位を行なっている。熱帯の洞窟をねぐらに定めている種類には、暗い洞窟内では反響定位を用いるが外では視力にたよって飛ぶものがある。

コウモリによる超音波利用の発見以来何年もの間、熱帯地方のウオクイコウモリが魚を捕えるやり方についてさまざまな推測がなされてきた。このコウモリはたそがれ時になると出て来て水面を低空飛行し、ときどき水につかっては後足のゆびで小魚をつかんで舞い上る。これは一つの謎であった。

音波が空気から水へ、あるいは逆に水から空気へと伝わるとき、そのエネルギーの大部分は失われてしまう。こうして水中にいる魚に対しては超音波は弱められ、その反響はほとんど消えてしまうと考えられるのに、コウモリはどうやってそれを探知できるのかが問題なのだった。音波のエネルギーのうち水中にとどくのはわずか〇・一パーセントにすぎないし、それからの反響は水から出るときに九十九・九パーセントは減衰してしまう。

この答えは実際にコウモリが魚をとっているところを観察することによって得られた。コウモリは、魚の体の一部分が水面から出た場合に限ってその反響を探知できることが分ったのである。実験室でのテストではウオクイコウモリは少しでもさざ波が立つと水面をひっかくが、水から何か物体が出ている時に限って足でつかもうとした。その感覚は鋭く、水面から四ミリメートルだけ出ている直径〇・二ミリメートルの針金を探知することができた。

このことから、ウオクイコウモリがペリカンと一緒に仕事をするわけが分る。つまり、ペリカンから逃れようとしてパニック状態におちいった魚が水面に体を出したところをコウモリが捕まえるのである。また、小魚の群れがこれを食べようとする魚に追われて水面に出て来たところを捕えることもある。

コウモリについてのこのような新知識が得られたのに続いて、各種の新しい情報がつぎつぎにあらわれた。かつては沈黙の世界と呼ばれた海の中も、水面上の世界と同じくらい騒々しいものであることが今では分っている。ありとあらゆる水中の動物たちが、それぞれのやり方で音を出し、これを攻撃や餌さがしに、また相互の交信に利用していることが発見されつつある。皮肉にも一世紀以上もの間、捕鯨船員たちが、声を出すクジラやイルカの話をしても誰も信じようとはしなかった。実際に彼らはシロイルカに、それが出す音から、海カナリヤというあだ名をつけていたほどなのだ。しかし、最近の二十年間に行なわれた研究によって、捕鯨船員たちの話は完全に本当だということが明らかになった。

グリフィンによる大発見が行なわれていたと同じ頃、同じアメリカで一人の男が巨大なコンクリートの水槽を作って海水を入れ、その中でイルカを動物園の動物のようにして飼う計画を練っていた。彼はやがてフロリダに最初のマリンランドを建設したのであったが、はじめ一般公開を主な目的として設立されたこの施設はたちまちイルカを中心とする研究センターになってしまった。

間もなく分ったことは、イルカは人間の耳に聞こえる音を出すばかりでなく、超音波も利用しているということであった。その後アメリカをはじめ世界各地につぎつぎに作られたマリンランドでは、イルカがいかに超音波をうまく利用するかを客に見せるのが今ではすっかり日常化してしまっている。

マリンランドの人気者であるバンドウイルカは十五万ヘルツまでの音に感じるし、十七万ヘルツまでの音を出している。その音は口笛のような音と、急速に繰り返されるカチカチという音との二種類が主で、いずれも周波数は十七万ヘルツに及ぶ。反響定位に用いられるのはカチカチ音の方だが、イルカはこの音を連続的に出していることが多い。

マリンランドでの行動をみると、イルカのソナー装置はコウモリのものよりもすぐれていることが分る。これをテストするためにはイルカの両眼にゴムのカップを当てて目かくしをしてやればよい。このようにしてもイルカは水中を障害物に衝突せずに高速で泳ぎまわることができるし、水中に投げ入れた餌の魚をつかまえることもできる。水を入れたゼラチンカプセルと、これと同じ大きさの魚肉とを見分けることができたものもある。このイルカは魚肉だけを的確に見つけ、無用のゼラチンカプセルなどには目もくれなかった。

イルカと陸生の哺乳類とでは頭部の構造に多くの違いがある。まず、イルカの鼻孔は頭の頂きにあり、これと頭の前端部との間には「メロン」と呼ばれる部分がある。耳の変っている点は鼓膜と外界とが管によってではなく靱帯を介してつながっていること、また両耳は対称的な位置になく、一方が他方よりも前についていることである。これは恐らく音の方向を知ることに関係があると思われる。

興味深く思われるのは、イルカはゴムカップで目かくしをされることは平気でも、「メロン」を何かで覆われることは拒否することである。イルカは目かくしをした状態で「メロン」の前や上にある魚肉を探知できるが、頭の下側にある魚を見つけることはできない。また、マイクロフォンに感じられる超音波の強さは「メロン」がまっすぐにマイクロフォンの方を向いている時に最大となる。このことから「メロン」にはコウモリの鼻葉と同様に音波を一方向に集中して送り出す働きがあると結論できそうである。

南米の北部やトリニダッド島にはアブラヨタカというヨタカに近縁の鳥がいる。土地の人の中にはアブラヨタカには罪人の霊魂が宿っていると信じている人もあるが、これはこの鳥が夜になると日中ねぐらとしている洞窟から、ほとんど人間のもののような叫び声をあげながら飛び出してくるためである。洞窟内は漆黒の闇であるから、暗黒中でのコウモリの飛行について研究したドナルド・グリフィンが、こんどはベネズエラに出かけて、アブラヨタカの研究を行なったのは当然の成行きであった。彼はこの鳥は六千ないし一万ヘルツのカチカチ音を絶えず発することで完全な暗闇の中を飛行できることを発見した。これは人間の耳に十分聞こえる範囲にある音であり、グリフィンは洞窟の壁からはね返ってくる反響も聞くことができた。

彼はこのことを確認するために何羽かのアブラヨタカを生けどりにし、その耳に脱脂綿をつめてみたところ、暗黒の中ではうまく飛べなくなることが分った。また、綿をとり除くとうまく飛んで巣に帰れるようになった。

インドからフィリピンにかけては洞窟に巣を作るアナツバメの仲間が何種類もいる。この中のあるものの巣は中華料理でスープに用いられるものである。アナツバメが巣に向かって洞窟に入って行くときには、飛びながらよく通るカチカチという連続音を出しているのが聞こえる。これは反響定位のための衝撃音で、障害物の探知および暗い洞窟内での飛行のためだけに用いられるものである。

洞窟の入口に住むテリアナツバメはアナツバメの一種であるが反響定位の能力はない。この鳥が巣を作る時には材料をくちばしにくわえて運ぶのに対して、反響定位を行なうアナツバメは材料を足で持って運ぶので口はいつでもカチカチ音を出すことができる。

今後研究が進むにつれて、反響定位を行なう動物や、超音波をさまざまな形で利用する動物の数は現在知られているよりもはるかに多いことが明らかとなる可能性が強い。現在すでに数種のハツカネズミ類、ハムスター、ヤチネズミ、ヤマネ、その他数種の小型哺乳類では超音波を感じたり、あるいは反響定位や交信のため利用したりしているのではないかという疑いが強い。キヌザルもわれわれの耳に聞こえる叫び声のほかに超音波の音声を用いている。これらはほとんどが精密なテストの結果からではなく、高音に対する行動の観察にもとづいて言われていることである。たとえば、このような動物の多くは近くで非常に周波数の高い音がすると、そのはなづらに生えている長い毛や大きくて精巧な耳を特徴的にぴくりと動かす。すでに一九五〇年にR・J・パンフリーは「ネズミを飼育している部屋の中で普通の声で話してみると歯擦音（サ行やシャ行などの子音）を発音するたびにネズミが一せいに身を縮めるのがわかる」と書いている。特にハツカネズミではひげと耳とを特徴的にぴくつかせるのがよく分る。また、普通の人よりも高い音まで聞ける耳を持った若い人の場合には年長者が全く気づかないコウモリの存在に気づくことがあるが、このような人がトガリネズミの声を聞いたという事例は何回となく報告されている。トガリネズミを暗黒の中でテストすると障害物にさわらずに動きまわれるということも報告されており、暗黒中で進路を定める場合に、いくらかは反響定位を用いている可能性が示唆されている。

最近では一九七〇年にモリネズミの一種を用いて詳細な実験が行なわれているが、その結果このネズミの生後六日から十日の赤ん坊は困った時、たとえば母親から引き離されたような時には超音波の声を出して母親を呼ぶことが確認された。この声を聞くと母親は赤ん坊を救い出そうと巣から出て探し歩く。テープレコーダを用いて詳しく研究したところでは、この赤ん坊の出す超音波の録音を聞かせると、母親は授乳中であっても、これを中断して探しに出ることが分った。

超音波に関する知識がこのように積み重ねられた結果、最近になっていま一つの謎が解かれた。それは第五章でも触れたカチカチという音を出す何種類ものガに関することであるが、この音が何の役をしているのかはそれまで不明だった。今ではこれらのガには襲いかかるコウモリが出す超音波が聞こえることが分っている。すでに述べた通り彼らの耳は胸部と腹部のつなぎ目のすぐ前にあり、驚くべきことにそれぞれわずか二個の感覚細胞を持つのみであるが、これを使ってコウモリが追跡していることを知ることができる。するとガは速力を増して飛び去ったり、左右に進路を変えたり、または最後の手段として翅を閉じて地面に落ちるなどの退避行動をとる。これはきわどいゲームで、コウモリが勝つ場合も、そうでない場合もある。

そしてさらに驚くべきことに、ある種のガは自分の方から超音波を出してコウモリの作戦の裏をかくことができる。これをするには後脚の先を素早く屈伸させ、そこに並んだ摩擦片からコウモリに聞こえる超音波を含んだカチカチという高い音を毎秒一千回以上も出すのである。

ドロシー・C・ダニングはコウモリを多少飼いならして、機械を使って空中にほうり投げたミールワーム（小鳥などの餌にする幼虫）をつかまえるように訓練した。コウモリがこれに慣れたとき、こんどは虫をほうり上げるのと同時にガが出すカチカチ音のテープ録音を聞かせてみた。すると虫をつかまえようとして急降下して来たコウモリは、その音を聞くと向きを変えて飛び去ったのである。後になって、これらのガはコウモリにとってひどくまずい味がするものであることが分った。このことから、カチカチ音には一種の警告の意味があるように思われる。これは警戒色によって鳥に捕食されない昆虫があるのと同じことなのである。

ペンギンとアザラシはいずれも濁った水や暗い水の中でも餌を見つけることができるという事実に気づいた人は多く、これも何らかのソナーによっているのではないかと推測されていた。そして一九六三年にサンフランシスコ動物園でペンギンがほとんどまっ暗な中で水に投げ込まれた魚をとるのが観察されたことで、このような推測は頂点に達した。その後行なわれたテストでは、壁の反響による干渉が生じないように壁に吸音効果を持たせた特別設計の水槽に四羽のペンギンを入れた。この水槽に二尾の魚を投げ入れ、ペンギンが飛び込みを行なって着水する前に明りを消し、さらに多くの魚を水槽全体に撒いたところ、完全な暗黒中であったにもかかわらず三十秒後にはペンギンは投げ込まれたすべての魚をつかまえて食べてしまったのであった。

ペンギンがそのソナーに必要な音を出すのに声を使っていることを示す事実は何もない。彼らが全く別種の音を聞きとっていることは今やかなり確実である。水中にできた微小な空所が潰れる時にパチッという音が出る。この音は非常に小さいものであるが耳に聞くことができ、また器械を用いて検出できる。ペンギンが水中を速く動くと水が乱されて多数の空所が生まれ、パチッという音を立てては消える。このため速く動きまわっている間中、その体の周囲全体からこのようなパチパチという音が出ているのである。ペンギンはこの音を聞き、さらにその音が魚の体からはね返って来る反響音を聞く。途方もない話のようだが、どうも本当らしいのだ。確かにペンギンは完全な暗黒中で魚をつかまえることができるし、今述べた以外にこれができる方法は発見されていないのである。

トドを使って行なわれた同様のテストの結果も似たようなものであった。間違いのないようにするために水槽の水を濁らせておいてから魚を投げ入れ、トドが完全に光の無い状態で魚を探さなければならないようにした。こうして、あらかじめ魚を与えてから一定時間後にトドを金網の幕を使って外に連れ出し、水槽の水を抜いて食べ残した魚を数えた。その結果分ったことは、トドは日が当たっている時よりも暗黒中での方がかえって早く魚をつかまえられるほどだということだった。トドが一尾の魚をつかまえるのに要した時間は暗黒中では平均六・四秒であったが明るい所では平均六・四六秒であった。この違いに意味があるとすれば、暗黒中では魚の行動が不利となることが、ある程度は影響しているのかも知れない。

第七章　電気魚　——途方もない魚たち——

筋肉の収縮は神経の電気的なインパルスによってひき起こされるが、この時、神経インパルスに続いて筋肉自体にも電気的な変動が生ずる。脳の活動によって生ずる脳波や、心臓の搏動に伴って記録される心電図はいずれも電気的な活動をあらわしている。このように生命そのものと電気とは切っても切れない関係にあるが、魚の中にはさらに特別の電気器官をそなえ、これを身をまもるためや、えものを殺すために使ったり、感覚器官として利用したりするものがある。

このような魚の一つであるデンキナマズは、すでに紀元前二七五〇年に古代エジプト人によって墓の壁画にその姿が描かれている。また、シビレエイは古代ギリシア人に知られていたし、ローマ人はこれを痛風の治療に用いていた。これは彼らに電気の知識があったためではない。事実、ローマ時代の文筆家の一人が記しているところによれば、シビレエイの血管からは恐るべき麻痺作用のある毒が放出されて水中に拡がり、釣り糸から釣り竿へと伝わって漁師の手を流れる血液を凍らせるというのである。

十八世紀の終りになると、新たに南米産のデンキウナギが話題をにぎわすこととなり、その後さらに数種類の魚が人体に感じるほどの強い電場をつくり出すことが知られた。しかし、これらすべてにまさって驚嘆すべき発見のもととなったのは、ある風変りな尾を持つ魚であった。

魚の尾は単純明快でなじみ深い形をしているから、誰でもすぐに描くことができ、むしろ言葉でその形を表現することの方が難かしい。しかし、魚尾形と言えばそれがどんな形かはだれにも明らかである。だが現在知られているさまざまなタイプの魚を、ほんのひと通りでも調べて見れば、これとは非常に違った印象が得られるはずである。実際、魚類全体を見わたすと、その尾の形は釣り師のほら話にも負けぬほど実に多種多様であり、時にはグロテスクなものだということが分る。

尾の形がその魚の泳ぐ速さや泳ぎ方と密接に関係していることは、たくみな実験家や数学の得意な研究者たちによって十分に明らかにされていた。しかし、一九六一年になってネイチャー誌に短報として掲載されたアフリカ産淡水魚ジムナーカス・ナイロチカスについての実験結果は、魚の尾が単なる運動以外の目的に利用され得るということをはじめて教えたのである。

ジムナーカスは赤道以北のアフリカの川や湖に住むモルミルス科に属する魚の一種で、この科にはジムナーカスの他にも何種類もの魚が含まれているが、いずれもわれわれが普通考える魚の形とはかなり異なった外形をしている。ジムナーカスではこれが最もいちじるしく、その形は形容し難い。体は左右の厚味が少く、前方に先のとがった小さな頭があり、そのすぐ後ろに一対のひれがある。この他には背すじの全長にわたって切れ目なく走る軟かいひれがあるだけで、その最後部はネズミのしっぽ状に細長く延びている。体の外形は葉形とでもいうのだろうか、柳の細長い葉を思わせ、その尾端が細く突出しているところは葉柄のようでもある。このような変った体形は、その運動を力学的に説明しようとすれば、難問題だったに違いない。

ほんとうの意味での魚の尾とは、内臓がある太い部分の後に続く次第に細くなっている筋肉質の部分を指し、その後半部は尾柄《びへい》と呼ばれる。普通の魚ではこの尾が運動のための主要な器官であることは、物理学や数学が苦手でも十分に理解できる。ひれはまた、舵の働きをしたり、安定を増すのに役立つほか、前進のためにも使われるということも理解できる。しかし、もし前進と同じ位らくらくと後ろ向きに泳げる魚がいたとしたら、その魚は普通の魚とはどこか違った形をしているはずだと考えてよいだろう。しかし、その違いがどのようなものかを言うのは難かしいし、さらにその魚が後ろ向きに泳ぎながら障害物を上手に避けることができるということになると、その理由は見当もつかなくなってしまう。

この二つの問題の答はいずれもジムナーカスによって与えられたが、問題が解けるにつれて、それまで秘められていた途方もない物語が、われわれの前に現われて来たのである。ケンブリッジ大学のH・W・リスマン博士は西アフリカから生きたまま送られて来た一尾のジムナーカスの入った水槽に一対の電極を入れ、これをオシロスコープにつないだ。するとブラウン管の面に魚が電気パルスを発していることを示すよく揃ったインパルスが連続的にあらわれた。つぎに一本の銅線の両端を水槽に入れてみると魚は急いで泳ぎ去り、一見したところ敵に対して通常示すような逃避反応があらわれた。同じことは水に電気パルスを通じてみても起こった。しかし魚にそれ自身のインパルスを送り返してやった場合には、普段仲間の魚に対してとる行動を示すように思われた。

魚が死んでしまい、代りを研究用に入手することが難かしかったので、この実験は中断されたが、リスマンはその後何年間かにわたってアフリカの現地での野生状態の観察と研究室での実験を行なった。彼はこの魚の泳ぎ方の優美さ、特に他の魚のように尾を左右に振らずに背骨をまっすぐに伸ばしたまま泳ぐようすに感銘を受けた。尾ではなく背中に沿ったひれを波打たせ、その作用で前進後退とも同じように容易に行なえるのである。向きを変える場合ですら、まっすぐになった姿勢を保ったまま、ひれのさまざまな場所で同時に複雑な波をつくって動く。眼は退化しているにもかかわらず、普段の食物である小魚を追う時に障害物には決して衝突せず、また、夜あるいは泥水の中でえものをとる。この魚には何か眼の代りになるものがあることは明らかであった。

すでに一八四七年にミュンヘン大学のミヒャエル・ピウス・エルドルはジムナーカスの尾を解剖し、そこに体の両側に沿って中央部より前まで達する四個の細い紡錘形をした組織があることを見つけている。彼はこれを電気器官であるとした。

ジムナーカスの研究をはじめて間もないころ、リスマンは水槽に新しく何かを入れると魚は探査運動と思われる尾の動かし方をしながら用心深く近寄って行くことに気づいた。尾に何か電気による探知機構があるのではないかと考えた彼は、ふたたび前のように一対の電極を水に入れ、これを増幅器を通じてオシロスコープにつないで見た。すると毎秒約三百回の割合で連続的に発射される電気パルスが記録されたが、その強さは魚が静止している時は変化せず、動いて電極に対する位置が変わるとそれにつれて増減した。

続いて行なわれた研究によって、魚が放電を行なう時には一時的に尾がマイナスに、頭がプラスになることが分った。このため魚のまわりの水中には、ちょうど棒磁石と鉄粉とでつくられる模様の形に電流が拡がって流れる。魚がつくり出す電場の形は、正確には水の電気伝導度と、水とは電気伝導度の異なる物体によって生ずるゆがみとによって決定される。近くに水以外の物体が存在しなければ魚のまわりには左右対称の電場ができるが、物体が存在すると電流を示す線は水よりも電気伝導度の高い物体のところに集中し、電気伝導度の低い物体からは遠ざかるために魚のまわりの電場の形がゆがむ。これによって体表での電位の分布状態が変化するので、もしこの変化を知ることができれば真近にある物体を探知する手段が得られるのである。

この探知法がどれほど有効かをみるためにリスマンは水槽のガラスの近くで磁石を動かしてみた。すると魚は激しく反応したのであるが、同じことは磁石の代りに髪をとかした後のくしを動かした場合にも起こった。いずれの場合にも、生じた電場は一センチメートルあたり百万分の一ボルト以下というわずかなものでしかなかったと思われる。

リスマンは次にK・E・メイチンと協力してもう一尾のジムナーカスに対し電気感覚によってのみ識別可能な二つの物体を見分けられるように訓練をほどこしてみた。このためには、それ自体は電場の形にほとんど影響を与えない素焼きの筒を二本水中に並べ、一本には水を、もう一本には絶縁体である固形パラフィンを入れた。そして水が入っている筒の後ろには餌を置き、また、魚がパラフィンの入った筒に近づくたびに針金のフォークでおどすことによって、餌を正しくとれるように仕込んだ。魚はすぐにこの二本を見分けることを覚え、水の入った筒の後ろに吊された餌に向か

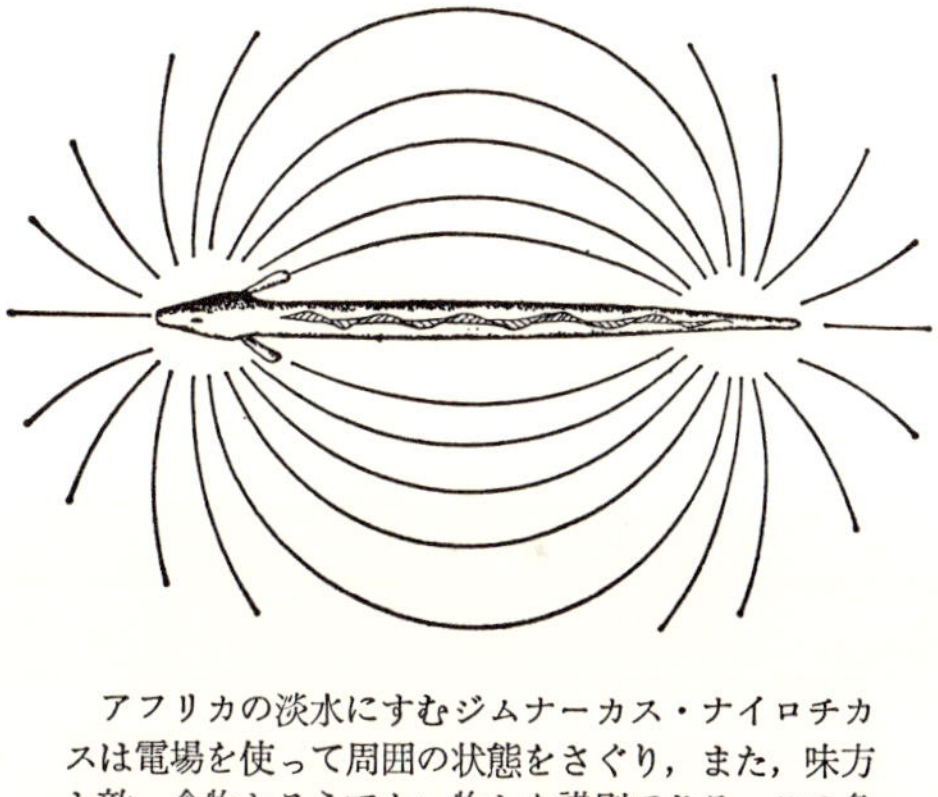

アフリカの淡水にすむジムナーカス・ナイロチカスは電場を使って周囲の状態をさぐり，また，味方と敵，食物とそうでない物とを識別できる。この魚は前にも後にも同じ位容易に泳ぐことができる。

って直ちに泳いで行き、同じような餌をパラフィンの入った筒の後ろに吊してもこれを無視するようになった。これは言い方を変えれば、この二本の筒の電気伝導度の違いは、視覚によって食物を探す動物に対する色や形の違いと同じ価値を持っているということである。筒にいろいろな物を入れて調べた結果、ジムナーカスは水道水と蒸留水とを区別できるし、そればかりかこの二種類の水をいろいろな割合で混合したものさえ識別できることが確かめられた。

ジムナーカスが電場を検出するためのしかけはその皮膚にある。淡水魚の組織や体液は電気の良導体であるが皮膚はそうではなく、特にジムナーカスでは皮膚が異常に厚くて魚をよく絶縁している。しかし皮膚のところどころ、特に頭部のあたりにはゼリーの入った導管に通じる小孔があり、周囲の水からの電流はここを通って流れると考えられる。管の末端は小胞状となり、中に電気受容器を構成する一群の細胞がある。この受容器からは神経が出て脳に達している。脳の電気感覚に関係する部分はその他の部分に比べて非常に大きい。

ジムナーカスが泳ぐ時に普通の魚のように尾を動かしたならば、電気感覚器がうまく機能しなくなるので、まっすぐな姿勢のまま泳ぐことは必須条件である。体をまっすぐにしていることによって電場は体に対して対称に保たれ、無用の変動によって脳を混乱させるような情報が送られることが防止される。リスマンの実験によれば、一個の電気感覚器は電流が二十ミリ秒間にわずか〇・〇〇三マイクロマイクロアンペア（一マイクロマイクロアンペアは一兆分の一アンペア）変化しただけでそれを脳に知らせることができるもののように思われる。これは一個のイオンがわずか一千個移動したのに相当し、電気知識の乏しい者にとってもいかに極微量の電気をこの魚が取り扱っているかは充分に理解できる。

要するにジムナーカスは、岩であれ水草であれ動く物体であれ、進路に横たわる障害物があればこれを探知し、また前向きにも後ろ向きにも泳いで割れ目に入って行くために、自分がつくり出す電場を信じられないほど高感度な探知機構として利用しているのである。この装置はまた、えものや敵を発見するためにも、さらに配偶行動の場合を含めて仲間の魚を識別するためにも用いられる。ジムナーカス同志が接近した時には、それぞれが周波数の近い電気振動を発している時も、彼らはその周波数を変える。しかし彼らの作る電場は短かい距離に及ぶだけなので、このようなことはまれにしか必要とならない。

それぞれの電場はお互いに非常に接近しない限り干渉し合わないが、彼らも他の動物たちと同様に自分のなわばりを侵すものに対してはいきどおりを見せる。そこでたまたま二匹のジムナーカスが接近すると、電流のたたかいが繰りひろげられることになる。彼らはそのパルスの周波数を増大させるが、これはなわばり争いをする二羽の鳥がさえずり合うのに似ている。

敵に関して言えば、視力によってえものをとる肉食性の魚たちは夜間には活動しないし、一方ジムナーカスその他の電気魚たちは日中は活動せず、敵の手のとどかないかくれ場所に、しばしば大群をなしてひそんでいることが野外観察によって分った。リスマンは電極からの電流でスピーカーを鳴らしてみると、ジムナーカスやこれに近縁の電気魚がすむ川や湖の岩かげや水草の間から、カチカチという音、ガタガタという音、ブーンという音、ヒューという音などが入り乱れて聞こえてくること、そして少し練習をつめばこの多くの音の中から、さまざまな種類の魚の「声」を聞き分けることができることを知った。

よくジムナーカスはレーダーを使うと言われる。しかしこのような電場の利用はレーダーとは原理が違うし、またコウモリの超音波とも根本的に異なっている。電気魚は反響を利用して、あるいはインパルスと反響との時間間隔を利用しているのではない。実際ジムナーカスが用いているのは、電場のゆがみが情報となるというわれわれには全くなじみのない感覚なのである。電場の形を示す電気力線というものも、われわれの感覚では把握することのできない抽象概念であり、ただその形は磁石と鉄粉で示される磁力線の形と同じようなものと考えてよいというにすぎない。

リスマンの研究はこの限られた分野について突破口を開いたばかりでなく、それまでに他の魚について集められていた知識の理解をうながすことによって、進化の道すじに関しても一つの示唆を与えた。

電気装置を形づくるための素材は普通の魚にもすでにそなわっている。というのは電気器官の細胞は筋細胞が形を変えたものにほかならず、また電気受容器は側線系が変化したものだからである。電気器官あるいは発電器官と呼ばれるものは何種類かの海産および淡水産の魚に存在するが、その用いられ方はさまざまで、電気ショックでえものを気絶させたり敵を撃退したり、あるいは泥水や暗い水の中で泳いだり食物を見つけたりするのに役立っている。ところで筋肉が縮む時には収縮直前に各細胞の表面を微小な電気インパルスが伝わるのであるが、魚の電気器官はいずれも特定の筋肉が収縮能力を失う一方、電気的な能力が強まるように変化したものなのである。筋肉がこのように変化して行くようすはシビレエイの一種の成長過程で実際に観察できる。シビレエイはサメに近縁の扁平な魚である。その幼い時には将来電気器官となる筋肉の細胞（筋繊維）は普通と変らないが成長するに従ってそれぞれの筋繊維の前端がふくらみ、そこにこの筋肉を支配する神経の終末が集中する。同時に筋繊維の後部は非常に小さくなる。筋繊維はそれぞれがゼリーにつつまれ結合組織でできたさやに入っ

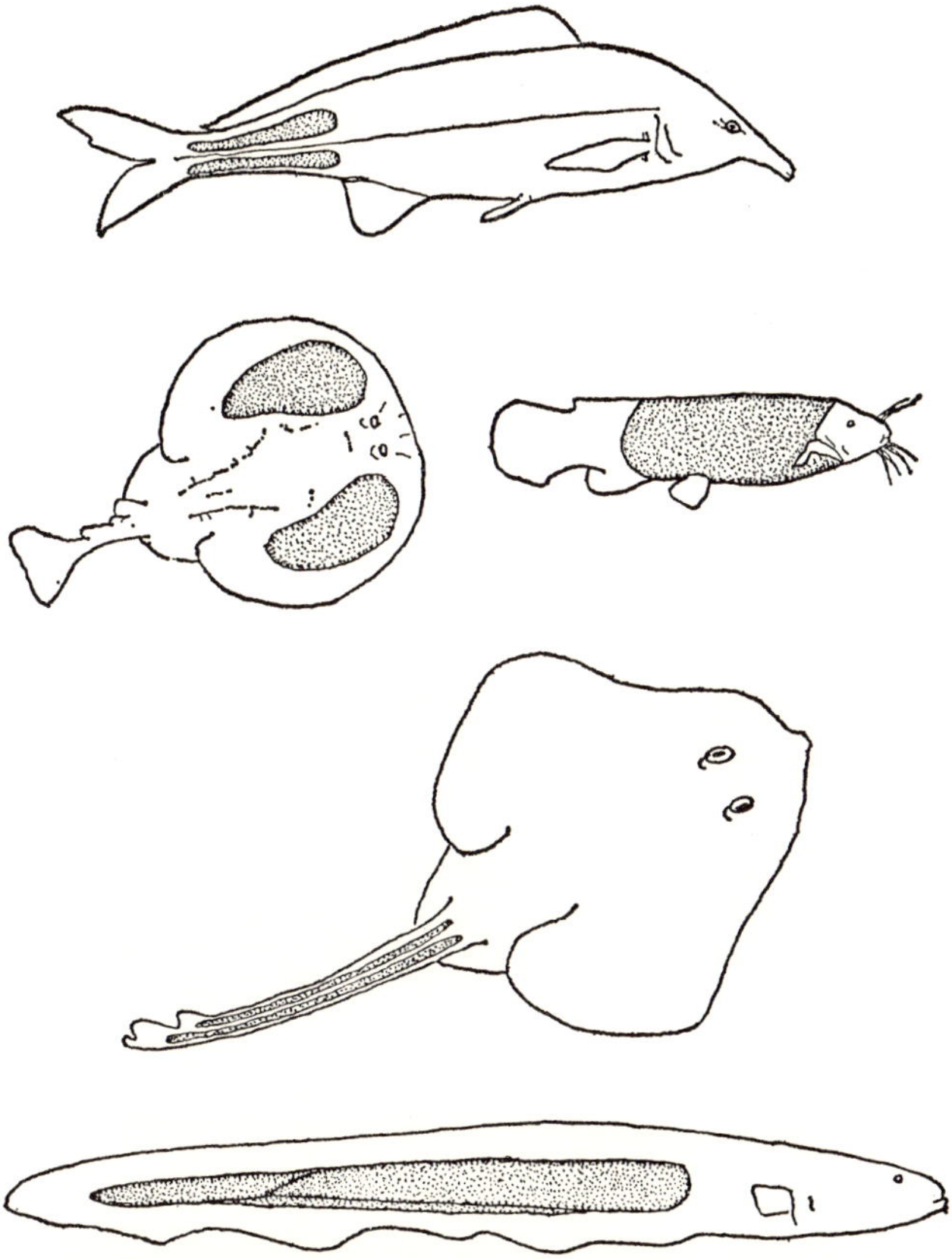

防衛あるいは攻撃のために放電を行なうさまざまなタイプの電気魚。(上)エレファントノーズ，(中左)シビレエイ，(中右)デンキナマズ，(中下)ガンギエイ，(下)デンキウナギ。灰色の部分は電気器官を示す。

た一個の電気板となる。ゼリーの中には電気板に養分と酸素とを運ぶ細い血管が通っている。またゼリーと結合組織とはいずれも電気板の絶縁を良くするのに役立っている。

われわれの筋肉の場合と同様に、電気器官における電気の発生と放出とは脳から伝えられる神経インパルスによって終板（神経繊維が筋細胞に接する部分にある特別の構造）でアセチルコリンという物質が出されることによって引き起こされる。アセチルコリンが作用すると各種のイオンが筋繊維を包む膜を横切って動く。イオンは電荷を持った微小な粒子であるから、これにより電流が生じる。電気器官の電気板は非常に数が多く、その上それぞれが発生するわずかな起電力（たとえば〇・一五ボルト）が直列に加えられるように配列している。

気絶させるほどの大きなショックはすべての電気板がほとんど同時に放電する結果であるが、物体の探知に使われる規則的な弱いパルスは小数の電気板が（通例は並列に）神経の直接的な制御を受けて放電することによって生ずる。

電気魚はなぜ自分の出す電気によって感電しないのか。これは長い間の謎であった。一つの答えは、特にデンキウナギの場合、神経が非常によく絶縁されているということである。しかし、これ以外のことは今後研究してみなければ何とも言えない。

電気魚の中で一番有名なのは体長三メートルにも達する南米のデンキウナギである。ウナギのような形をしているが本物のウナギの仲間ではない。眼と、対になったひれとはどちらも非常に小さいが、体の下面には尾の先から「のど」の近くまで達する顕著なひれがある。この魚の目立った特徴は、体の八分の七が尾であり、また全体積の四十パーセントが電気器官で占められていることで、消化器、生殖器その他の内臓は頭の後ろの狭いスペースに押し込められている。デンキウナギも体をまっすぐに伸ばしたまま泳ぐ。長い筋肉質の尾の両側に左右それぞれ七十本ほどの前後に走る電気柱からなる電気器官がある。それぞれの電気柱は六千個から一万個の電気板が積層乾電池のように並んだもので、魚全体としては頭がプラスで尾がマイナスになる。電気器官はさらに二個の小さい電池と大きい一個の電池との三部分に分かれ、小さい電池のうちの一つは大きい電池の導火線になっていると信じられている。大きい電池は千分の五秒おきに三回ないし六回の放電を行ない、その一回の放電は持続時間が千分の二秒、電圧は三七〇ないし五五〇ボルトであって、魚やカエルなどの動物を殺す威力がある。南米のインディアンは昔から馬を水に追い込んでデンキウナギをかくれ家から出てこさせ、その放電で馬を気絶させるということを行なっていたが、その結果馬が溺死することもあった。

デンキナマズはアフリカの淡水にすんでいる。でっぷりとした体の持主で、丸味のある大きな尾があり、背びれはない。口のまわりには三対の長いひげ状突起がある。古代エジプトの墓の壁に描かれているのはこの魚である。三五〇ボルトの放電をすることができ、最初の放電に続いてこれよりも弱い放電が数回起こる。アラブ人は少くとも十一世紀このかたこの魚を用いて電気療法を行なっていた。彼らはこの魚をラアドと呼んでいるが、これは震えさせるものという意味である。デンキナマズは磁力に反応し、また地震の何時間か前に起こる地電流に対して非常に敏感になるという。

厳密に言うと、この本の主題に関係があるのは電気器官を感覚の器官として利用している魚だけであるが、ジムナーカスに見られるような極限的な状態に、いかにして普通の魚の状態から進化し得たかを理解するためには、他のよく知られた電気魚の例を、それがたとえ電気器官を感覚以外の目的に用いている魚であっても、またその目的が知られていようといまいと、一通り概観してみるのがよいだろう。

過去において進化論に疑いを抱く人々によってしばしば発せられ、そして進化論の一般的な諸原理は認めている生物学者たちからさえも発せられた質問――実際、ダーウィン自身もこの問題には困惑させられたのであるが――は、いったいどのようにして、それまで何もなかった魚に、まるで突然に、複雑な電気器官がそなわるというようなことが起こり得たのかという点についてであった。進化においてはこのように一足飛びに、ある状態から別の状態に変化が起こるということは信じ難いことだった。しかし現在では単純な発電器官からジムナーカスに見られるような特殊化の進んだ器官にいたるまでのいろいろな中間段階を示すものが知られており、連続的な進化の道すじをかなりよくたどることができる。将来はもっと多数の種類が発見されて、現在あるギャップがさらに埋められるであろうことは疑いない。

比較的最近、ガンギエイの尾に電気器官のあることが発見されたが、それが何の役に立っているかはまだ分っていない。この電気器官は四ボルトの放電を行なうことができる。ガンギエイは他の多くの電気魚とは違っているが、電気器官を支配する神経が脳ではなく脊髄から出ている点でデンキウナギと似ている。

ガンギエイに近縁のシビレエイはギリシア人によく知られ、医療の目的に用いられていた魚である。このエイは外形が丸く扁平で、腎臓形の大きな電気器官が左右に一個ずつある。デンキウナギでは頭から尾へ、デンキナマズでは尾から頭へ向けて電流が流れるのに対して、シビレエイでは上側のプラスの面から下側のマイナスの面に向けて流れる。電気板は一千個以上が直列につながったものが四百ほど並列に配置され、四十五ボルトを発生できる。シビレエイの一種であるトーピード・ノビリアナは電気によって大形の魚を殺すことができる。

エイにはこれよりもはるかに弱い電気を、全く別の目的に利用しているものもある。これらのエイの皮膚にはゼリー状の物質がつまった細い導管がいくつもある。河口のような塩分の変化する場所に来ると、ゼリーと周囲の水との境界に微小な電気変化が生じ、この変化は導管の末端につながっている神経を伝わるインパルスを変化させる。これによってエイは淡水、あるいはうすまった海水をはなれ、海水のある所に向かって移動する。

アフリカ、東南アジア、それに南米にはナイフ・フィッシュという、名の通り薄い刃のような形をした魚の仲間が何種類もいる。その形はジムナーカスによく似ているが、尾は必ずしもジムナーカスの尾のように細くなってはいないし、波のように動くひれは背ではなく腹側についている。南米のナイフ・フィッシュ類は毎秒一回ないし一千回のパルスを出す。あるものでは休んでいる時には毎秒わずか一回ないし五回のパルスを出していて、緊張した時にはこれが毎秒二十回になる程度であるが、別のものでは毎秒一千回に達するパルスを出す。この電気パルスによって魚の周囲の水に流れる電流の形は水中に物体があると変化する。たとえばナイフ・フィッシュが食用にする小魚や虫は水よりも電気をよく通すので電流を集め、その結果ナイフ・フィッシュの体のそれに近い部分を通って流れる電流が増加する。岩はこれとは逆の効果を示す。このためナイフ・フィッシュには動物と鉱物、したがって食物と邪魔物とを区別することが可能なのである。

これと実質的に同じことはジムナーカスに近縁のエレファントノーズ（モルミルス科）についても言える。この魚のきわ立った特徴は体重に対する脳の重さの割合が普通の魚では百分の一ないし二百分の一であるのに対して五十分の一ないし八十分の一であることで、このように大きな脳は、その最大の部分が小脳と後脳であることから、電気器官と関連して発達してきたものと思われる。

ミシマオコゼ科は熱帯および亜熱帯にすむハゼに似た二十種ほどの魚が属する科で、頭とひれが大きく、眼は頭の上についているのでいつも空を眺めているように見える。この魚には眼の筋肉の一部分が変化してできた小さな電気器官があって四十ボルトの電圧を発生する。このためこの魚に手を触れた人はあわててそれをほうり捨て、何事が起こったのかと不思議がるのである。ミシマオコゼ科の魚の電気器官は防衛とえものを殺すことのために用いられている可能性が高いけれども、これ以外のことにも役立っているかどうかはまだ充分に研究が行なわれていないためよく分からない。

四十年前にW・M・ソーントンは、皮膚に粘液の導管が多数ある深海魚は電気的なインパルスを受信して反応することができるに違いないという仮説をとなえた。彼はこれらの魚にみずから電気を出す能力があるだろうとは考えず、むしろ他の魚などの動物が近くを動くと自動的に微小な電流が流れると考えた。そしてこの電流の強さや性質はそれを生じさせる動物ごとに異なり、この違いによって魚はえものと敵とを区別できることを暗示したのである。このソーントンの考えは、深海魚を生きたまま捕えて水槽中で適当な期間にわたり飼育することができるようになるまでは充分に検証できない。彼の考えは完全に間違っているかも知れない。しかし、魚の電気器官についての物語は、すべてまだ生まれたばかりなのであるから、将来、深海魚も含めてもっと多くの魚が微弱な電流をさまざまなやり方で利用していることが示されるものと期待してもよいように思える。

この可能性を裏づけるかのように、最近の研究はある種のエビが微小な電流を利用してわずか二、三センチメートルの深さの違いによる水圧の変化に感じることを示している。細胞表面の膜はすべて帯電しているが、その荷電は体の部分によって異なる場合がしばしばある。水中にいる動物の体にこのような荷電の差が存在すれば体の一部分と他の部分との間に電流が流れる。このエビの場合、このような極めて微弱な電流でも電気分解が起こり、その結果、体のさまざまな部分の表面に非常に薄い気体の層が形成される。この微小な気層が圧力に応じて体積を変えるので感覚器官が圧力に反応し、それによって周囲の水圧の絶対値を知ることができるのである。これは今まで知られなかった型式の圧力計であると同時に、動物による電気の利用法としても予想されなかったものである。

第八章　暑さ寒さ　――温度と動物――

ネコの祖先はアフリカのブッシュキャットである。このことと、ネコがひなたぼっこを楽しむことや、室内では一番暖かい場所――ラジエーターの上、温水パイプの上、暖炉のそばなどとにかく一番温度の高い所――を選んで眠ることとの間にはいくらか関係があるかも知れない。ところで、いつものどかに眠っているネコを見ると、気持よさそうに丸くなっている時もあれば体を伸ばしている時もある。一九五六年にH・グリンシンはネコの眠っている場所の温度を測ってみたところ、ネコの寝相はその場所の気温によって変化することが分ったと発表している。気温が最も低い場合には頭と足を腹の上に折り曲げ、その上に尾を巻いて、いわば全円形に丸まっている。温度が上るにつれて丸味が減って四分の三円形、半円形となり、そして最後には完全に伸び切った姿勢となる。

子どもの寝相もこれと大同小異で、冬には丸まり、夏の暑い夜には寝巻をほうり出して大の字になっている。しかし、ネコや子どもだけが特別なのではなく、温度が動物の生活を左右している例はいたる所に見ることができる。熱帯地方には極地方と比べ、いや温帯地方と比べても、はるかに多くの種類の動物がいる。大洋における魚の種類別の分布は等温線によく一致している。動物は暖かい所では速く育ち寒い所では育つのがおくれるが、これは昆虫ではとくにはっきりとしている。しかし、ここではこういった全体的な問題でなく、もっと特殊化した感覚器官について述べよう。

温度に関してミツバチが示す行動は、養蜂が古くから行なわれていたため、われわれにとってなじみ深いものの一つである。ミツバチは巣が暑くなると冷やし、適温以下になると温めて、巣の温度を一定に保つ。暑い日、巣の温度が上昇すると大部分の働きバチは巣の外に出て、自分たちの体から出る熱で中の温度がさらに高まることを防ぐ。巣に残ったもののうち何匹かは巣の入口に内向きにとまり、翅をふるわせて熱気を吸い出す。こうすると涼しい空気が壁の割れ目から入ってくる。また、水を飲んで来ては巣板に吐きかけて冷やすものもある。いつ冷却を始め、いつ止めるかをミツバチがどのようにして知るかは正確には分っていない。冬になるとミツバチは巣板の上に密集し、激しく体を動かして熱を発生し、巣を温める。

アリもこれと似たやり方でその巣、特に卵や幼虫、さなぎの世話をする。暖かい日中には働きアリたちがこれを一つずつあごにくわえて運び上げ、太陽に温められた地表直下のトンネルに並べる。また夜になると、熱の逃げにくい巣の深い所へ移す。

ミツバチやアリと同じく社会性昆虫であるシロアリは、人類がまだ泥で小屋を作ることさえできなかった頃よりさらにはるかな昔から、空調設備を使用していた。彼らの作品中最も有名なものはアフリカとオーストラリアにあるシロアリの塔で、泥と唾液とを混ぜて作られたものだが、その外壁は乾期にはコンクリートのように固くなる。内部にはトンネルが迷路のように走っており、これを研究した人たちによれば、このトンネルは温度に関する限りみごとにエアコンディションされた設計になっている。ただしトンネル内では空気中の二酸化炭素濃度が五ないし十五パーセントに達し、大抵の動物ならば窒息してしまう程の濃さである。また、シロアリ自体の行動も温度調節を助けている。直径四メートル、高さ七メートルもある巨大な塔では働きアリの数は百万にも達するが、彼らは外が極度に寒い時や暑い時には塔の中心部に集まり、冷えた巣を太陽が暖める頃、あるいは夏の夕暮が過熱した巣を冷やす頃になると周辺部に散らばる。このような移動には塔内の温度変化を外気の温度変化に比べてはるかに小さくする効果がある。

これらの社会性昆虫では、はっきりそれと分る温度受容器は見られないが、他の昆虫、特に吸血性の寄生虫には温度受容器の所在がもっとよく分るものがある。ヒトジラミでは温度感覚細胞はおそらく体表の全面に散在している。ミツバチ、アリ、シロアリなどもこれと同じではないかと考えられている。しかし、死んで冷たくなっていく人の体や、病気で皮膚が冷たくなった人の体からシラミが離れ去って行くようすから考えると、その感覚細胞は相当に敏感なものであるに違いない。

温血動物の血を吸うロドニウス（サシガメの一種）は、いけにえとなる動物にその体から発散される熱を手掛りにして接近する。この虫をガラス容器に入れて空腹にさせておくと、ガラスに外側から指を触れただけで虫はその場所のわずかなぬくもりにひかれて歩み寄り、吻《ふん》をガラスに押し当てる。しかし触角を切り取ると暖かいものに接近しようとするこの反応は完全に失われてしまう。熱受容器は触角に生えているある種の剛毛ではないかと考えられている。

ナンキンムシ（トコジラミ）はその餌食となる人間から発せられる輻射熱に対して極めて敏感で、一メートル以上も先にいる人を熱を手掛りにして探知できるもののようである。その証拠にナンキンムシは、よく引合いに出される話のように、天井をつたって寝ている人の真上まで行き、肌が出ている部分めがけて落下するという離れ技を演じる。

触角による温度受容は雌のカが人間や大形四足獣の温かい皮膚を見つける場合にも大きな役割を果たしている。カが卵をうまく産むためには、これらの動物の血を吸うことがどうしても必要なのである。これに対して雄のカは植物の汁を吸うだけである。雌のカの触角は長さがわずか三ミリメートル足らずであるが、これを使って数メートル先の熱源をとらえることができる。いけにえとなるべき動物の方向を知るには左右の触角をあちこちと動かして、それぞれが等しい熱刺激を受ける方向を求める。こうして方向が分ると、彼女は温度の勾配に従って飛んで行く。これは熱源に近づけばそれだけ刺激が強くなることを利用しているという意味である。飛行の最終段階は、動物のごく近くに来てかぎつけた匂いを手掛りにして行なわれる。

人間が発散する熱には個人差があり、一番多く熱を出す人が最もよくカを引きつける。カッカとのぼせて腕を振りまわしたりする人は、自分から体温を上げてあたりにいる雌のカたちを喜ばせているだけなのだ。服装も関係があって、暗い色、特に黒の服は熱を周囲に放出しやすいのに対し、白い服は輻射熱を減少させるから、白い服には雌のカを寄せつけない効果がある。

次の挿話はアメリカの博識な自然史家ローラス・J・ミルンとマージェリー・ミルンによるものであるが、小動物がいかにわずかな熱に引きつけられるかを示す最も良い例の一つである。ニワトリにつく体長一ミリメートル以下のワクモと呼ばれるダニは夜明けが来ると宿主の体を離れ、木の割れ目に入って日中を過ごし、夜になると再び出て来てニワトリの体を探し求める。さて、あるトリ小屋に電気時計があったが、それが出す微量の熱がダニを引きつけるのに充分だったので、ダニの大群が時計の中に入り込み、このために時計がおくれるようになったのである。明け方になるとダニは去り、時計は再び正しく動くのであった。かくてその時計は夜ごとに何時間もおくれるという変った狂い方をしたのだが、その原因が発見されるまでは、持主にも修理屋にもさっぱりわけが分らなかったのである。

他のすべての動物と同じく、ダニにも活動のための最適温度というものがある。温度が低すぎれば活動は止まり、またあるレベル以上の温度も活動には適さない。多分、ニワトリの日中の体温はワクモにとっては最適温度以上であり、夜間の体温がちょうどよい温度なのだと思われる。また、このような行動によって、恐らく彼らはニワトリにかき落されたり、砂浴びの時に振り落されたりすることをまぬがれ、その眠りの間にゆうゆうと血を吸うことができるのだろう。いずれにしても、彼らの行動が温度に支配されていることは電気時計の例からも明らかである。ただこの説明だけではなぜダニが明け方には電気時計を離れるのかははっきりしない。ダニには触角がないから温度受容器は多分胴体にあると思われるが、これについてはまだ研究がなされていない。

ノミも温かい場所に引きつけられ、またある範囲の温度を好んで探し求める。このような最適温度が見つかるまでノミはでたらめに歩きまわる。たとえばネコノミの場合には、最適温度はネコの体温ということになるだろう。しかし、ノミがこのような温度を探し求めるのは空腹時に限られる。このことは鳥につくノミの行動を見るとよく分る。このノミは空腹時には鳥の体を探し求めるが、満腹してしまうと鳥から離れて巣のすき間にかくれてしまう。

この、鳥につくノミは、温度とそれに対する動物の反応とによって、いかにその種類全体の生活様式が支配されているかを示す好例である。鳥が抱卵したり、ひなを育てたりしている時には、すべての条件がノミにとって最上である。このような時、温度はノミが血を吸うためにも、巣の中にもぐって吸った血を消化するにも、まさにおあつらえ向きだし、交尾と産卵も最良の状態で行なうことができる。この温度は幼虫の生育にも最適なので、生まれたノミは急速に大きくなる。たとえば、あるハトの巣では、このような最適温度は三十七度で、ハトにつくノミは三日ないし五日でかえる。温度が低い場合には孵化に十四日も要することがあるのを思えば、これは非常に速いといえる。こうして、鳥が巣についている春にはノミは繁栄し、数がふえる。

けれども若鳥たちが巣立つ時がくると、一羽あたりわずか一、二匹のノミがくっついて行くにすぎず、残りのノミは巣に置き去りにされる。ときどき彼らが大群をなして巣から出てくるのが目撃されるが、その行末に死が待っていることはほとんど間違いない。

ノミ、ダニ、ナンキンムシ、カなどはみな、いわゆる冷血動物に属する。すなわちその体温は一般に外気の温度とほぼ等しい。鳥類と哺乳類の二種類だけが、温血動物であって、その体温は一般に気温の変動に関係なく一定に保たれている。温血動物には体温調節の能力があり、汗を出したり速い息をしたりして体温を下げ、また、運動をしたり、ふるえたり、多量に食べたり、羽毛や毛を逆立てたりして体温を上げる。

温血、冷血という言葉の意味をはっきりさせておく必要がある。一例として、スズメガは体温が三十二度ないし三十六度に上がるまでは飛ぶことができない。このためスズメガは翅をばたつかせて筋肉運動による熱を出し、体温を上昇させる。これは運動選手がレースの前にウォーミングアップを行なうのと似ている。山地にすむチョウの一種（エレビア）は太陽が照っている時に限って現れ、日がかくれると姿を消す。マルハナバチの胸部は剛毛でおおわれていて、ちょうど毛皮のコートを着ているようである。ある測定によれば、その体温は日かげでは二十八・七度だったが日が当ると五分間で四十一・六度にまで上昇し、太陽が雲にかくれると再び速かに下降した。また、その毛皮コートを刈りとってしまうと、冷える速さはずっと増した。

これとは対照的に、ハチドリは毎晩一種の冬眠に似た状態におちいる。こうしなければその小さい

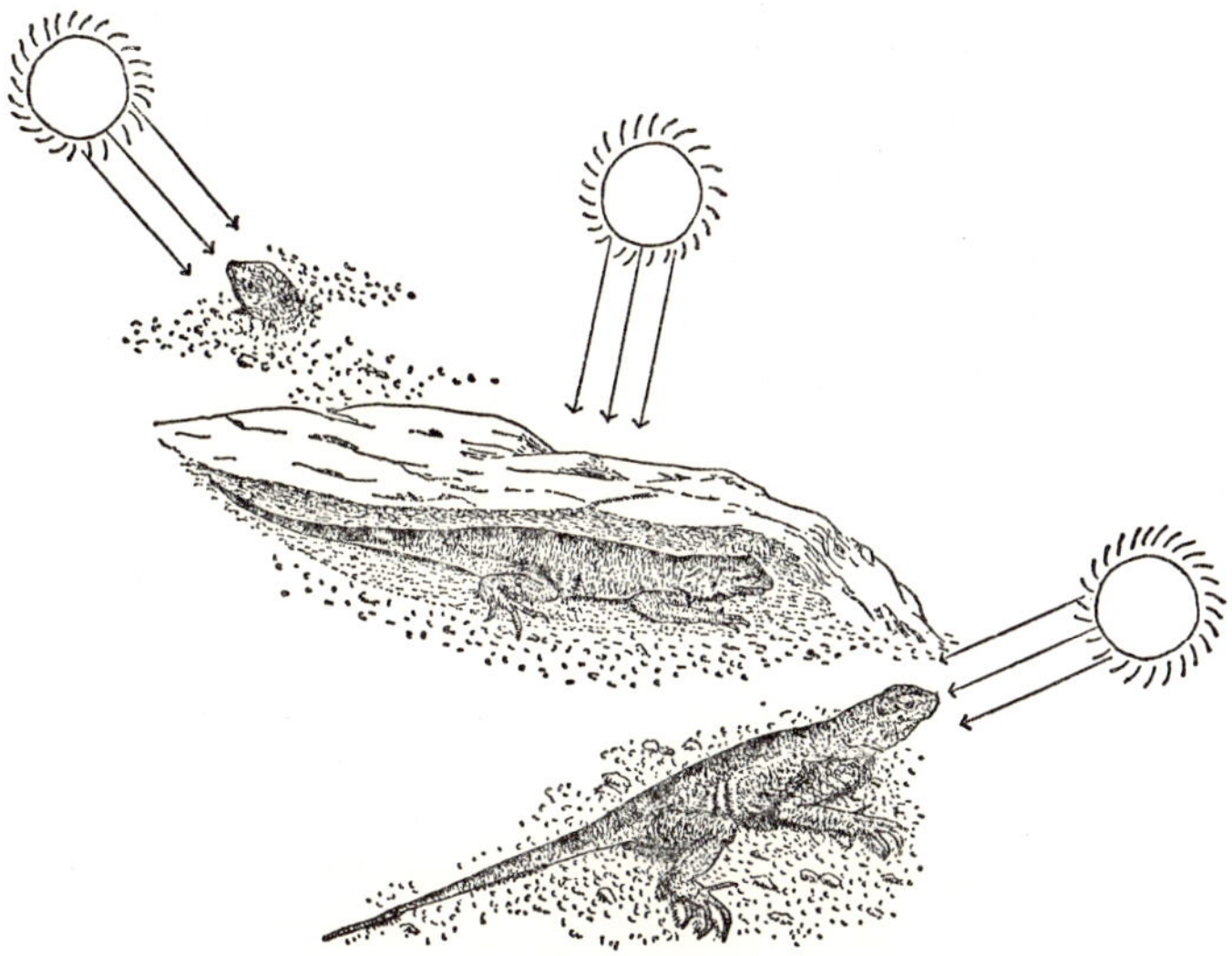

米国南西部にすむツンボトカゲは行動によって体温を調節している。朝は砂から頭を出して太陽の光を受ける(上)。この熱で体の他の部分も暖まり，トカゲは活動的になる。昼間は物蔭で太陽の熱をさけ(中)，午後には体を光線に平行に向ける。

体は体積に対する表面積の割合が非常に大きいので、多量の熱が失なわれ、ハチドリは夜明けを待たずにエネルギーの貯えを使い果たして死んでしまうだろう。そこでハチドリは夜ごとに冷血動物となる——その体温が外気の温度とほぼ等しくなるまで下がる——のである。

このようなことを考えると、冷血動物、温血動物というよりは、それぞれ変温動物、恒温動物というう呼び名の方がふさわしいといえるが、これはどちらかといえば学問上のことで、日常の目的には冷血、温血という言葉にもそれなりの便利さはある。ただし、この両者の間にはそれほど明確な区別があるわけではないことを念頭におかねばならない。

いずれのグループに属する動物にも温度受容器があり、また、いずれにも行動によって極端な暑さや寒さを避ける工夫がみられるが、これには温度受容器が大いに役立っていることは確かである。例としてトカゲとジリスとをとり上げて比較してみよう。

暑い地方の砂漠では、日中は暑いが夜になると寒くなる。このような激しい温度変化による悪影響を避けるため、砂漠にすむトカゲには精巧な時間表がそなわっている。彼らは夜は地面の割れ目や岩の下にひそみ、あるいは砂にもぐっている。このような場所では日中の熱がいくらか残っているのだが、それでも明け方には体温がかなり下がって、トカゲは寒さでほとんど動けなくなってしまう。そして朝が来ると、トカゲはまず頭を突き出してさしそめる太陽の光を受ける。はじめに頭が暖まり、やがて体全体に熱が伝わってくると、少しずつ体を動かして、日の当たる場所まで這い出せるようになる。トカゲは種類によってそれぞれ決まったやり方で体と足とをひろげ、太陽の光線を最大限に吸収しようとする。また体の各部分がまんべんなく暖まるようにときどき姿勢を変える。

温帯地方で春や夏には昼夜の温度差が砂漠のように大きくない所にすむトカゲにも、これと同じ行動をとるものがある。

日光浴をしている時、トカゲの体温は温血動物の体温と大体等しい三十八度まで上がる。少くとも一時的には、トカゲは字義通りの冷血動物ではなくなるわけだ。この体温ではトカゲは活発に動きまわるようになり、食物を探し、なわばりを防衛し、異性を求めるなど、その季節にふさわしいあらゆる活動をいとなむ。

太陽がさらに高く昇り、砂漠の岩や砂が暖まってくると、トカゲは体を地面から持ち上げて過熱を防ぐ。真昼の太陽が照りつける時には、トカゲは日かげを探し求める。やがて日かげから出て来た時、太陽の光は弱まりかけているがまだかなり強いので、トカゲは頭を太陽に向け、体の受ける熱ができるだけ少くなるようにする。太陽から熱が来なくなると体を下げて、空気よりも長く熱を保っている地面につける。夜にはかくれ場所に入って輻射によって体から逃げる熱を最小にする。

温度に関するこの種の行動は、恒温動物といえども完全に不必要というわけにはいかない。ここでは熱帯にすむ変温動物である砂漠のトカゲと比較するために、温帯にすむ恒温動物である北米のアンテロープジリスをとりあげよう。このリスの習性を研究したのはA・バーソロミューとJ・W・ハドスンである。

このリスが朝、穴から出てくる時には体はすでに暖まっているので、少し毛づくろいをして毛並みをととのえる以外にウォーミングアップの必要はない。穴を出たばかりの時、体温は三十八度よりわずかに低いが、食物をとりに出かけるとわずかながら次第に上昇して、昼頃には四〇・二度位になる。そして日中の暑さに、涼しい穴に戻ると体温はすぐに三十八度に下る。暑い日中にはいつでもリスは涼むために穴にひっ込むことができるが、午後の早いうちに穴から出て植物のかげに横たわる。午後の中頃にもう一度活動と食物摂取の高まる時期がある。そして夕闇がせまるころ穴に戻ると、体温は再び三十八度よりわずかに低い値に落着く。

キリギリスやバッタにも行動による体温調節がみられる。朝のうち、まだ太陽の光線が弱い時には彼らは体の表面をできるだけ日光にさらそうとして、トカゲがするように特徴的な姿勢をとり、側面を太陽に向ける。しかし太陽から来る熱が強くなると、頭を太陽に向け、また頭部を持上げて光線がなるべく少ししか当たらないようにする。これと似たりよったりの行動をとる昆虫は多い。

このような毎日の活動の変化は、体全体に散在する小さな特殊化していない感覚器によって支配されている。このような感覚器はごくわずかの動物で調べられているだけで、またおそらく人体に関して一番よく知られているから、人間についていくつかの事実をあげるのが最も理解に役立つと思われる。先のとがった金属を熱し、あるいは冷やして皮膚のさまざまな部分にあて、それを感じた点に印しをつけて行けば、われわれの皮膚における温覚と冷覚の受容器の分布図を作ることができる。こうすると、人間の皮膚の温覚受容器と冷覚受容器とは触覚受容器に比べて数が少いこと、またそれぞれが異なった場所に——触覚受容器とも別に——分布していることがわかる。冷覚受容器は枝分かれした神経終末から成り、皮膚表面から〇・五ミリメートル以内の深さにあって、汗腺の開口部附近に多い。温覚受容器はこれよりもやや深い所にあり、そのため反応もおそい。冷覚受容器すなわち皮膚温より低い温度によってのみ刺激される受容器は全身で約十五万個あり、特に多い場所はひたい、鼻、上くちびる、あご、胸、指である。皮膚温よりも高い温度によってのみ刺激される温覚受容器は約一万六千個あり、鼻、指先およびひじ附近に最も多い。眼は熱さにも冷たさにも感じない。

このような数字を調べ上げた人たちの根気にはただただ恐れ入るほかはない。

体には感覚細胞そのものに加えて、体温を調節するためのサーモスタットがある。脳の下面にある視床下部と呼ばれる小さな部分がそれで、それ自体温度を感じるほか、皮膚の温度受容器からの情報もここに伝えられる。ここから出ている神経径路を通じて視床下部は、ふるえ、発汗、あえぎ、皮膚の血行などを制御している。

魚の温度受容器は第四章で述べた側線器官にあるのかそれとも未だ発見されていない別の感覚器官にあるのか、はっきりしない点がある。サメでは頭部のロレンツィーニ器官と呼ばれるゼリーのつまった多数の小孔に温度受容器が存在するらしい。魚が温度に対して鋭い反応を示すことは多くの実験により確かめられているが、何年か前にハーヴァード大学で行なわれた実験は特に興味深い。

この実験では、水中のレバーを一回押すごとに一定量の冷たい水が水槽中に吹き出して水温をわずかに下げるようにしてある水槽にキンギョを入れて、このレバーを押すように訓練した。キンギョはすぐにこの操作に熟練し、水温が三十三度に達するや否やレバーを押すようになった。キンギョにとって四十度は致死的な水温であるが、訓練されたキンギョを冷水用レバーのついた実験水槽中でこのような水温にさらすと、すぐ口吻でレバーを押し始め、その周囲の温度が快適な水準になるまで操作を続けた。自然の状態ではこのような装置はないから、キンギョは自分にとって楽な温度の水層が見つかるまで動きまわるしかない。ともあれ、このハーヴァード大学での実験は少くとも一種類の魚に、効果的な温度受容器のあることを証明したのである。

温帯地方にすむキクガシラコウモリは洞窟の中で冬眠するが、以前考えられていたように洞窟に入る十月から翌年の春まで眠り続けるのではなく、動きまわるということが知られている。三十三キロメートルも離れた別の洞窟まで飛んで行ったという記録さえある。こういうことが起こるのは眠っている場所の温度が下がったためなのだが、普通は同じ洞窟の中でもっと快適な温度の所へ移動するにすぎない。

ごく最近になってキクガシラコウモリは冬の間も好物のコガネムシ類を食べるために、ときどき洞窟から出ることが確認された。これは洞窟外の気温が十度に達した時に限って行なわれ、このことはキクガシラコウモリの温度受容器は深い冬眠中でさえ、ある程度離れた場所の温度に反応しているに違いないことを示している。

ある種の動物ではまた違った温度反応がみられる。これは体表より深い所にある一種の内部温覚および冷覚の受容体によるものだが、その性質はまだほとんどわかっていない。ヒマラヤ種と呼ばれるカイウサギの品種は飼育温度によって異なった体色を示す。二十八度以上で飼った場合には純白となるが、これよりも温度が低い場合には足、鼻、耳の先端と背中の一部が黒くなる。これは全く、色素が形成され毛が伸びて行く際の皮膚の温度によって決まるもので、低温では上記の部分に黒い色素メラニンが形成されるのである。

昆虫を普通より低い温度で育てると色が黒っぽくなるのはよくみられる現象である。その最も良い例はジャガイモの害虫であるコロラドビートルの幼虫を食べるペリルス・ビオクラッスという昆虫で、低温でメラニンが増加するが、餌とするコロラドビートルの幼虫に含まれるオレンジ色の色素カロチンの沈着が多いため、全体としては暗赤色を呈する。

もっと特殊化した温度受容器としては鳥が抱卵のために用いるものがある。大抵の鳥では巣につく時に胸の小範囲の羽毛が抜け落ちて、抱卵斑と呼ばれる皮膚の露出した部分ができる。抱卵斑の数は鳥の種類により一個ないし数個だが、無いものもあり、たとえばシロカツオドリでは足の水かきに血管が豊富に分布していて、これが抱卵斑と同じ働きをする。抱卵斑の皮膚と皮下組織にも血管が多く、従って抱卵中の親はただ卵を覆っているのではなく自分の体の熱を卵に伝えているのである。親はときどき卵をひっくり返して全体を均等に暖めるようにする。一度に一ダース以上の卵をうむアヒルのように同時に多くの卵を抱く場合には、親鳥は周期的にまわりの卵を中心部に移しかえる。さらに、天候の悪い時には巣を離れている時間が少なく、また邪魔が入ってもなかなか飛び立とうとしない。このようなことから、鳥は卵を暖めることができるというだけでなく、全部の卵を均一な温度に保つ

洞窟の中で翼をマントのように体にまきつけて眠るキクガシラコウモリ。翼にかくれて眠っている時でも，すぐ近くで指さすと彼らは身をすくめる。これは彼らが温度に対して非常に敏感な証拠だ。

ための何らかの手段を持っていることは明らかで、これはわれわれが普通に考えているよりももっと広い適用範囲を持つ温度受容器があることを想わせる。

エジプトチドリの場合もその顕著な一例である。この鳥はむき出しの地面に卵を産み、昼間は日ざしをさけるため卵を砂に埋める。ところが砂が熱くなりすぎると親たちは近くの川や湖から水をのど一ぱいに入れて運び、埋めてある卵の上に吹きかける。

この種の行動の頂点を示すものはオーストラリアのクサムラツカツクリである。この鳥は口の中に一種の温度計を持っているともいえる。このツカツクリ科の鳥についてここで長々と述べるのは、その驚くべき感覚装置について理解してもらうには特に詳しく説明することが必要だからである。

よく、ある種の鳥や爬虫類が卵を砂の中に産みつけ、そのまま放置して太陽熱により孵化させるといわれるが、これはせいぜい半分だけ当たっているにすぎない。例えば砂漠に近い風土に生活するダチョウは卵の上にすわって太陽の熱をさえぎる必要があり、こうすることによってのみ卵は正しい温度に保たれるのである。もしアフリカの直射日光に長い間さらされたままになったならば卵は半熟になってしまうだろう。

卵を暖めるということは普通に思われているほど簡単ではない。オーストラリアのクサムラツカツクリの場合にはそれは高度に複雑なものとなっているが、このことがよく分ったのはわずか十数年前のことである。オーストラリアの奥地から帰った旅行者たちは直径五メートル、高さ一・三メートルにも達する巨大な塚のことを話していたのだが、はじめはこれは原住民の墓だと思われていた。

クサムラツカツクリは七面鳥ほどの大きさの鳥で、砂と落葉で巨大な塚をつくる。雌がこの塚の中に卵を産みつけた後は主として雄がその世話を引き受ける。卵をかえすためには太陽熱と、植物が腐る時に出る熱とが利用されるが、そのやり方は驚くほど計画的である。クサムラツカツクリの雄は一年のうち十一カ月を巣の準備と世話のために費やす。まず五月には、大きくて丈夫な脚で砂を後ろにかき出し、地面に大きな穴を掘る。六月になり南半球の冬がはじまると、穴の周囲の半径五十メートル位までの範囲から落葉をかき集めて来て穴に入れ、その頂きが穴のへりよりもずっと高くなるまで盛り上げる。やがて雨が降り、落葉が湿ると、発酵がはじまって熱が出る。八月に彼らは実際の孵卵室となる塚の中央の小さな穴の中で、腐った葉と砂とを混ぜ合わせる。

産卵は九月に開始される。この時には小さい穴の中の砂と落葉の混合物の温度は三十三・五度位になっている。雄は塚の中央部を開いてこの混合物の温度をいま一度調べ、満足すると雌に産卵させるため場所をゆずる。雌も温度を調べてから混合物を少しかき出し、その穴の中に卵を一個産み落とす。

その後、雄はその小さな穴に混合物を元通りに入れ、さらに残りの葉を塚の上にかき寄せる。九月から十二月までの四カ月の間、雌は卵を次から次へと産み、やがてこのたい肥の塚の中に垂直に立った卵が輪になって並ぶようになる。産卵のたびに鳥たちは塚の表面をとり除いて小穴の中の混合物を露出させ、雄と雌とがともに温度を調べてから雌が穴を掘ってその中に一個だけ産卵し、産み終えると雄が孵卵室となる小穴を閉じ、塚から落ちた葉を元通りにする。

産卵は二日または三日おきに行なわれるが、産卵と産卵の間も鳥は塚が正しい温度に維持されているかどうかを毎日見廻っている。この仕事は主に雄の役目である。一羽の雌は普通三十三個ほどの卵を産み、それぞれの卵は七週間でかえる。このため最後の卵を産んでいる時には、はじめの頃産まれた卵からはもうひながかえっていることになる。また、最後のひながかえるのは早くて二月、普通は三月になってからである。この期間中、毎日鳥は塚を見廻って温度が正しく保たれるように必要な処置を行なう。

塚の温度が高くなりすぎる徴候があると、クサムラツカツクリは塚を開いて熱を逃がす。塚が冷えすぎるようすが見えた時には温度を上げるために太陽熱が利用される。すなわち塚を開けて日光が孵卵室に直接当たるようにする。同時に孵卵室を覆っていた材料をもとの穴の縁の外にまで広げ、できるだけ多くの太陽熱を吸収させてから元に戻すようにする。

気温は二十四時間を通じて変化し、季節による変化はさらに大きいことを思えば、クサムラツカツクリがいつでも温度を一定に保つということは大変な手腕だと言わねばならない。

このようなことはみなクサムラツカツクリの舌と口の内面とにある、いわば生きた温度計を利用して行なわれている。この鳥が塚の材料をくちばしいっぱいにくわえているのを見ることができるが、これは恐らく舌と口の内面で触れてみているので、これによって塚を暖めるべきか冷やすべきかが分るのであろう。

クサムラツカツクリのこのようにすぐれた温度調節法が発見されていなければ、この章での最高の地位はマムシ亜科のヘビの能力に対して与えられていたことだろう。彼らが熱を検出するのに用いている特別の感覚器官はクサムラツカツクリのものよりもさらに驚異的ではあるが、温度の識別能力の点では劣るし、それを用いる動物に要求される能力もクサムラツカツクリの場合ほどではない。

モカシンやガラガラヘビのような北米産の毒ヘビを含むマムシ亜科のヘビは鼻孔と眼との間に深さ六ミリメートル、直径三ミリメートルほどの深いくぼみ（ピット）があるため英語ではピット・ヴァイパーと呼ばれている。ピットの底に近い所に膜が一枚張られていて、その奥の空間は外部と細い導管で通じている。この膜は反射板のような形をし、その中にヘビの種類により一平方ミリメートルあたり五百個から千五百個もの温度受容体がある。ガラガラヘビのピット一個の中には、人間の体にある温覚受容体の総数の五倍もの受容体が存在する。つまりこれは眼の網膜にもたとえられる受容体の集合なのだ。ピットの入口にかかっている唇状のひだによって膜には「熱の影」がつくられ、また、左右のピットの「視野」は重なり合っているため立体視に相当する効果が生じ、ピットは距離計として役立つ。さらに、頭を左右に動かして熱を発している物体の大きさを測ることもできる。この温度受容器は〇・〇〇二度の変化に感じるほど敏感で、これによってヘビは周囲よりわずか〇・一度だけ暖かいか或いは冷たい物体を探知できる。

はじめて科学者たちがこのピットに気づいた時、これは嗅覚の補助器官か、あるいは——ヘビにはちゃんとした耳がないところから——一種の聴覚器官であろうと考えられた。また、低周波の空気振

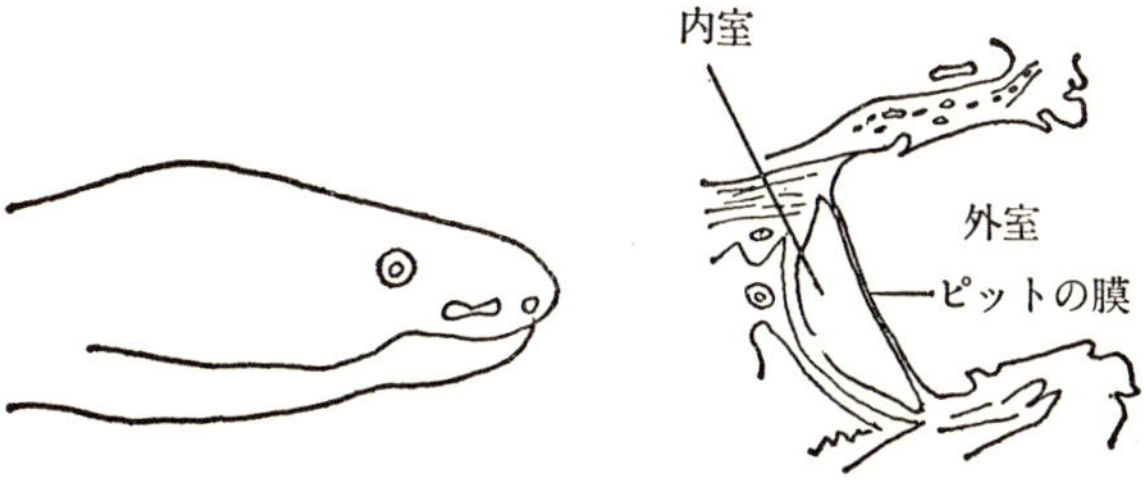

ガラガラヘビなどのピット・ヴァイパー（マムシ亜科）は輻射熱によって物を「見る」ことができる。
(左)眼と鼻孔との間にあるピット。中に温度探知器がある。
(右)ピットの断面図。

動に感じる器官ではないかと示唆した人もあった。しかし、一八九二年に、ガラガラヘビが火のついたマッチに向かってくることが知られた。それとほぼ時を同じくして一種の輻射熱検出装置が発明されたが、これはヘビのピット器官と共通点の多いもので、偶然の一致とはいえ興味深いことであった。

このピットの価値をテストするための実験がいくつか行なわれた。その一つに、ハツカネズミを十二匹入れたガラスの容器の中に、ピットの上に粘着テープを張ったガラガラヘビを一匹入れておいたところ、五日たってもヘビに触れられたハツカネズミは一匹もいなかった。つぎにこのテープをはがし、別のテープを眼の上に張り、また口の中には嗅覚をきかなくする薬品をスプレーした。ところが今度はヘビはハツカネズミの居所を正確に知ることができ、その動きを追って、非常に速く彼らをつかまえてしまったのである。

昼間はこれらの毒ヘビは草むらの中で、においを手掛りにしてえものを追跡するが、最終的にはたとえ相手がカムフラージュをしていても、ピットを用いてその位置をつきとめる。夜には彼らの顔面のピットでえものを「見る」ことができるため、その立場は一層有利になるのである。

第九章　味覚の神秘　——味と動物——

三十年前のことになるが、黒海のイルカを研究していたS・E・クライネンベルクは、イルカの食物について特に知りたかったので、殺されたすべてのイルカの胃の内容物を調べた。ところが、見つかった物の中には、イルカが通常、餌としている魚やタコの残骸のほかに、木片、鳥の羽毛、紙、サクランボのたね、さらには花束のようなものまであったのである。この悪食ぶりはダチョウ以上だった。というのは、よくダチョウは何でものみこんでしまうと言われるけれども、普通は小石や、金属かガラスでできた物を選択しているからである。黒海のイルカがこんなに広い嗜好の持主である理由の一つは、彼らには味の感覚が全く、あるいはほとんど無視できるほど少ししかないことだ。ダチョウにもほとんど味覚がない。何でも口に入れ、のみ込むことがよくあるという点では人間の子どももダチョウやクライネンベルクの調べたイルカに負けず劣らずである。ところが、口にある味覚の感覚器官の数は子どもの時の方がおとなになってからよりも多いのである。

このことは五感の中で最も神秘的なものといわれている味覚をめぐる数々のミステリーの一つに過ぎない。

日常の目的には、鼻でにおいをかぎ、舌で味を知ると言って差支えない。だが事実は、普通味覚と呼んでいるものは、厳密な意味での味覚である舌の刺激と、においによる鼻の刺激、および口内のさまざまな部分の粘膜にある単純な神経終末に対する痛覚刺激などが組み合わされたものなのである。体の単純な働きと思われているものも、科学的に分析して行くと、複雑で時には非常に困難な様相を帯びてくることは驚くほどである。

しかし、上に述べたことのいくらかは、ありがたくないことだがよくある経験によって、正しいと請け合うことができる。ひどいかぜで鼻がつまり、嗅上皮がよく働かなくなると、どんなにおいしい食べものも魅力を失ってしまう。この分野における初期の実践的な研究は、一九二〇年代にある晩餐会の客たちによって行なわれた。彼らは目の前に置かれたすばらしいごちそうを、指で鼻をつまみながら食べてみたのだが、一人残らず、鼻をつまんでいる限り食物の味がほとんどなくなってしまうと報告している。彼らは一つの真理に行き当たったのだ。しかし、その説明が行なわれるようになったのはもっと先のことであった。

英語では、食べ物を上あごで味わうという表現があるが、少くとも大人の場合には味覚は主に舌によって得られる。また、口の中で食物から立ちのぼるかおりは、口の奥の腔所を通って鼻に達し、食事中に経験するあの快楽を生み出す。舌を通じて経験する味と、鼻によって感じるかおりとをこのように区別することは大切である。

味覚と嗅覚とはこのように緊密に結びついているが、両者の間には少くとも一つ、はっきりとした違いがある。物質のにおいはそれが遠くにあるうちから感じられる。においの分子は空気に乗って鼻まで運ばれてくる。これに対してその物質を味わうには、それを口に入れて唾液に溶かし、その溶液を舌にある味蕾と呼ばれる感覚細胞に触れさせなければならない。

味蕾は、舌の表層中の小さなくぼみに一個ずつ埋まっており、その中に直径〇・〇八ミリメートルほどの束になって細長い細胞が集合している。この細長い細胞の外側に向いた端には一本の小突起があり、また、細い神経がそれぞれの細胞から舌の内部に向かって走っているが、これらは順次合流し、束となって脳にまで達している。

人間の舌には九千個の味蕾があり、またブタとヤギには一万五千個、カイウサギには一万七千個、ウシには三万五千個の味蕾がある。奇妙なことに、ノウサギは外形も食性もカイウサギに似ているのに味蕾は半分の九千個しかない。コウモリの味蕾は八百個にすぎず、一般に草食の哺乳類の方が肉食あるいは昆虫食のものよりも味蕾の数が多い。

肉は化学組成が植物よりも均一だということもあるが、肉食性の動物には食物をあまりかまずにのみ込む傾向がある。たとえばネコは甘いものに対して味覚を示さず、砂糖を舌にかけても脳に電気的な反応が認められない。また、イヌはよく知られている通り、砂糖ほしさに芸をするが、一方ではほとんど何でも食べる。これに対して草食動物はもっと注意深く食物を選択しなければならない。というのは植物組織の内部や表面には毒のあるものがあり、これを知らずにのみ込む危険が大きいからだ。また草食動物は一般に甘党でもある。ウマは砂糖が大好物だし、ハツカネズミも同様である。ただ、ハツカネズミは砂糖にすぐ飽きてしまう。

味蕾は舌の上に一様に分布しているのではなく、またその配置と数とは年をとるにつれて多少変化する。味覚には四種の基本感覚があるとされているが、人間では甘味は舌の先端で、また苦味は舌の奥の方でよく感じる。だからワインは舌先で、ビールは舌の奥で味わう方がよい。舌の両わきの前部には塩からさを、その後ろには酸味をよく感じる部分がある。もう一つだけつけ加えておかなければならないのは、人間の子どもでは上あごにも口の両側と舌の真上に味蕾があることだ。しかしこれら

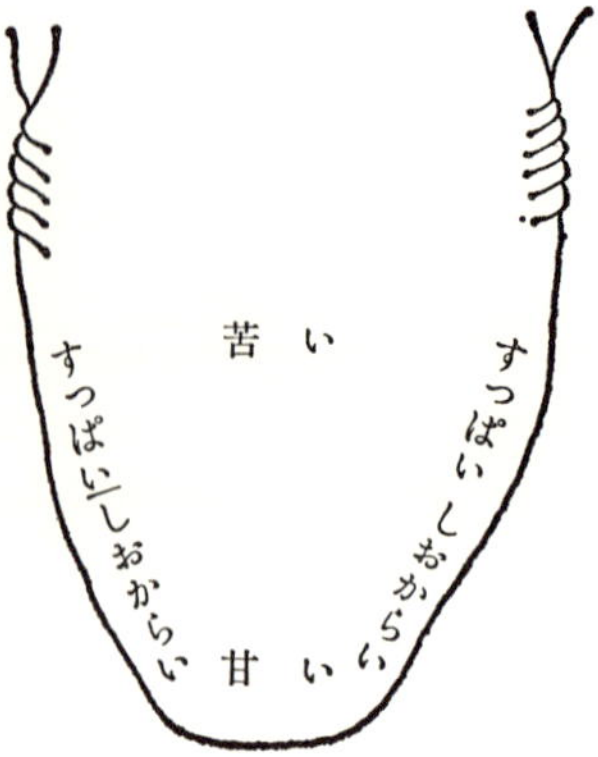

ヒトの舌を上から見た図。４種類の味に最も敏感な部分を示す。味蕾は文字のある部分に最も多い。これ以外のどの場所でも４種類の味を感じることができるが感度は低い。味蕾の数と分布とは脊椎動物の種類によって異なっている。

は年をとるにつれて消失する。

数年前に、フロリダ州立大学のL・M・バイドラーとR・L・スモールマンはネズミの舌にコルヒチンをつける実験を行なった。コルヒチンは細胞分裂をさまたげる働きを持つ物質であるが、塗布後三時間たつと化学刺激に対する舌の反応は正常な場合の半分にまで低下することが発見された。これは味神経の電気的活動を記録することによって測定されたものである。

さらに、放射性同位元素をトレーサーとして用いた実験から、正常なネズミでは味蕾のまわりの細胞は絶えず分裂を繰返しており、こうして新らしく生れた細胞のあるものは味蕾の中心部に入って行き、「使い古された」細胞と交換されることが分った。この交換された細胞の寿命もわずか二百五十時間にすぎず、やがてこわれてふたたび新しい細胞と入れかわるのである。だからコルヒチンは細胞分裂をおさえることによって味蕾の更新をさまたげ、結局ネズミの味覚を低下させたのである。

味覚を研究し理解することの大部分は、こみ入った生化学と多くの憶測との問題になる。一八二五年にブリヤ＝サヴァランは次のように書いている。「味覚の能力が存在する場所は容易に決め難い。これは見かけによらず複雑な問題だ。たしかに舌は味覚の機構において偉大な役割を果たしている」。これは現在の知識についてもあてはまる言葉で、違いといえば、その後今日までの間に、二、三の謎と数え切れぬほどの問題、そしていくつかのきわ立ったパラドックスが新たに生じたことだ。

たとえば、ある分子の形がほんのわずか違っただけでその物質の味蕾に対する効果がまるで変ってしまうことのあるのはなぜだろうか。トリル尿素という物質には、オルソトリル尿素、メタトリル尿素、パラトリル尿素という三つの存在形態があり、オルソトリル尿素は無味だがメタトリル尿素は苦く、パラトリル尿素は甘い。臭化カリウムのごく薄い溶液は甘いが濃度が倍になると苦甘く、四倍になると苦からくなり、二十倍ではしおからい。

アルカロイド類は概して苦く、酸は一般にすっぱい。分子の形がほんのちょっと変わっただけで無味の物質が甘いものに変わることがある。また、かつて下剤としてよく用いられた硫酸マグネシウムは舌先にのせた時にはしおからいだけなのに、舌の後方に達すると苦くなるのはなぜだろうか。

問題となっている事柄の一つは、味蕾に触れた化学物質による刺激が、いかにして味神経における電気的エネルギーに変えられるかということに関係している。想像としては、味物質の分子は細胞表面に吸着され、また細胞の原形質には高度の選択性があって、それによって、味の種類を示す信号が脳に送られるということも可能である。また、味神経の中には唾液腺に直接連絡している径路があり、これによって、唾液の組成が食物中の分子の形に応じて変えられているらしく思われる。味神経を伝わるインパルスにはこのような二様のものがあり、これが微小電極による追跡の試みを混乱させる一因となっている。

とても不思議に思われるのは、食物の温度が上がると味（あるいはかおりかも知れない——この点はどうもあまり明確でないようだ）が増すことだ。日が当たって温まっているリンゴをもぎとって、そのまま食べた方が、もぎとってからすばやく冷やして食べるよりも味が濃く感じられる。そしてこのことと、人間が煮たり焼いたりした食物を好むこととの間には密接なつながりがあるように思える。

人間が愛好するもう一つのことはバラエティーに富んだ食事ということだが、これは感覚の疲労で説明できる。味蕾は疲労し易い。キャンデーなどの菓子を口に入れて動かさずにいるとすぐ味がしなくなるのはこのためで、味わうためには口の中でころがす必要がある。こうするとキャンデーは別の味蕾に触れて、そこで味が感じられ、同時にはじめの味蕾が疲労から回復して、再びキャンデーがころがって来た時に活動できるようになる。

味覚と嗅覚との間にみられる密接なつながりは、人間をはじめとする哺乳類から離れて下等なものになるに従って一層強まり、下等無脊椎動物まで下ると、この二つは区別できなくなる。このように区別できなくなったものは共通化学感覚あるいは化学受容と呼ばれる。基本感覚のうち視覚、聴覚、触覚がいずれも物理的感覚であるのと違って、味覚と嗅覚とはともに化学的感覚である。この理由から科学者には味覚と嗅覚とをまとめて化学感覚と呼び、また味覚と言う代りに接触化学感覚、嗅覚と言う代りに遠隔化学感覚という言い方を好む人がいる。

このような区別が必要なことは、ある食物に特有のにおいが、その食物自体のものではなく、その中に含まれる物質が空気で酸化されてできたものによる場合があるという日常経験からも痛感される。コーヒーの豆を炒る香りはコーヒーそのものの味よりも魅力的だし、ベーコンをいためる香りはベーコンの味よりもずっと良い。また、シチューを煮ているにおいをかぐ方が、出来上がったものを食べるより楽しいわけは、当分は解くことのできぬ秘密である。

これらのパラドックスは、味覚のカテゴリーには甘い、苦い、塩からい、すっぱいという四つのものしかないのに、嗅物質はそれぞれ少しずつ異なったにおいを持ち、またそれは、それぞれある程度化学構造の上から予想可能だという事実によって、一部分は説明できるかも知れない。原子の化学的な集合の仕方によって、それぞれ特徴的なにおいが生ずるのである。

話をごく下等な動物にもどそう。下等無脊椎動物の化学感覚と呼ばれるものは、比較的単純なものに違いない。もう少し高等な、味覚器と嗅覚器とが別々に存在するものでも、その食生活は、われわれが多様な食物の中から材料を選び、念入りに料理するという能力を通じて得ている変化に富んだ楽しみとは似ても似つかぬものなのである。

アメーバなどの単細胞動物が、その特殊化していない化学感覚によって反応する化学物質の範囲は広くない。彼らはその薄い細胞膜に傷害を与えそうな物質からは遠ざかり、それ以外の物質には近づくが、これはそれが食べられる物かも知れないからだ。イソギンチャクも似た行動を示す。ただし、この場合その進退とは体の伸縮を意味している。イソギンチャクよりほんの少し高等な扁形動物（プラナリアなど）では体の全面に一般的な味覚が拡がっている。

さらに高等なミミズにも特殊化した感覚器はなく、接触、光、振動、化学物質などに感じる小さな、肉眼では見ることのできない感覚器があるだけだ。しかし、ミミズが穴に引き込む葉を少しは識別しているらしいことから判断すると、口の中には味覚の受容器が集まっているように思える。しかし、これとても確かというには程遠い。

ミミズは、とりわけ夏の終りから秋にかけて、木の葉や葉柄をその穴に引き込む。芝生を見ると、芝の間にこのような葉が地面から突き出ているのが見える。しかしミミズは鳥が落した小さな羽毛なども同じように穴に引張り込むし、芝生に落ちていた毛糸の切れはしを引き込んだという例もある。

ダーウィンはミミズのような、未分化の段階にある感覚器を持つ下等動物が、落葉を口唇でさわってはひっくり返して、穴に引き入れる場合に一番持ちやすい点をつかまえる有様を論じている。というわけで、正しい意味で味覚が確かにあると言ってよいかどうかは、誰にも想像するよりほかないのである。

昆虫の味覚については、これよりも確実なことが言える。甲虫類、半翅類、ゴキブリ、ミツバチ、チョウやガの幼虫などは口の中や口器に味覚器のあることが知られている。ハチやアリでは触角にも味覚器がある。チョウ、ガ、ショウジョウバエ、クロバエなどは足で味を感じる。チョウやガの幼虫に塩からい食物やにがい食物を与えると、口を吐くように動かして拒否する。砂糖水はミツバチをひきつける。小さな器に入れた砂糖水に来るようにミツバチを訓練してから、砂糖水を塩かキニーネの入った水と代えると、飛んで来たミツバチは水の味をみてから拒否する。スズメバチやジガバチの類はジャムを塗った皿に来ると、まず触角でそれをこすってみる。ハチとアリは触角を用いて蒸留水と砂糖水とを区別できることが実験によって示されている。しかし、どちらにもキニーネか酸を加えておけば飲もうとしない。

人の手にチョウがとまり、その吻《ふん》を伸ばして皮膚をなめることがある。熱帯地方のチョウは尿など塩気のある液体を飲みに大群となって集まることがあり、手から出る汗も同じようにチョウをひきつけるのではないかと思われる。このようなチョウをつかまえ、翅をそっと持って簡単な実験をすると、チョウは吻でさわる前に足で味をみることが分る。汗の代りとして砂糖水を用意し、細い針の先を浸して前足の先につけてやると、管状をした吻が伸びて砂糖を探そうとする。

味覚器の働きをしているのは足に生えている小さな剛毛である。このことはアメリカのジョンズ・ホプキンス大学のV・G・デシアーによって示された。彼が書いているところでは、非常にしんぼう強く、またいろいろと悪口を言われながら、クロバエの足に生えている一本の毛の片側を下から上へ、ついで反対側を上から下へと砂糖水の小滴をころがして行ったところ、水滴が毛の先端に触れた時に限ってハエは反応して吻を伸ばしたのであった。

さらに詳しく調べると、この単純な毛に三つの働きがあることがわかった。毛の根元には神経細胞が三個あり、そのうち二個からは長い糸状の突起が出て中空になった毛の中を上に伸び、先端から突き出ている。この二つの細胞の一方は毛が砂糖水に触れると活動しその結果として吻が伸びる。もう一方は毛がハエにとって不快な物質に触れた時に活動し、この場合は吻が引っ込む。第三の細胞は味覚とは関係がなく、毛が押されて曲げられた場合のような力学的な刺激に対して

チョウの足には味覚器官があって，これで花の蜜の味をみる。足がよい味のする物質を含む液体を探りあてると，長い管状の吻が自動的に伸びて吸う。吻の活動を起こすには足にある毛の１本が液体に触れるだけで十分である。

反応する。

デシアーの研究の結果、一九五〇年にはハエの味受容器については人間を含め他のどの動物よりも多くのことが知られるようになった。その後、一九五五年にはJ・Y・レトビンとK・D・ロウダーによってさらに研究が進められることになった。彼らはハエの頭を切り離して、それをくびの部分で臘のブロックに固定した。少し押して吻を突出させてから、水を入れたきわめて細いガラス管を微動操作器を使って吻に生えている毛の一本にかぶせた。ガラス管の反対側には銀線をさし込み、これを増幅器を通じてオシロスコープにつないだ。回路を完結するためのもう一本の銀線はハエの頭にさし込んだ。

毛の先端がガラス管の中の液に触れると、味神経の電気的なインパルスがあいついで生じ、それがオシロスコープの管面に現れては消える光の線として描かれるのをカメラのフィルムにおさめることができた。つぎにガラス管の中に甘い液体や甘くない液体などさまざまな液体を入れて何が起こるかを見た。

レトビンとロウダーは二個の味細胞のうち一個は管の中に甘い液体を入れた時に反応し、もう一個は管の中に甘くない液体を入れた時に反応することを発見したのである。クロバエはとりわけ甘いものを食べ、甘くない物質は受付けない。毛の根元にあるもう一つの細胞は、接触だけでなく温度に対しても反応した。レトビンが要約しているとおり、これら三個の感覚細胞によって、一本の毛は、ある液体が食べられるかどうかだけでなく、その温度と粘り気とを調べることもできるのだ。

吻に生えている毛には反応の速いものとおそいものとがある。非常に濃い液は反応の速い毛に対しては強すぎる刺激となるが、反応のおそい毛に対しては適当な強さの刺激となる。このためにこれら

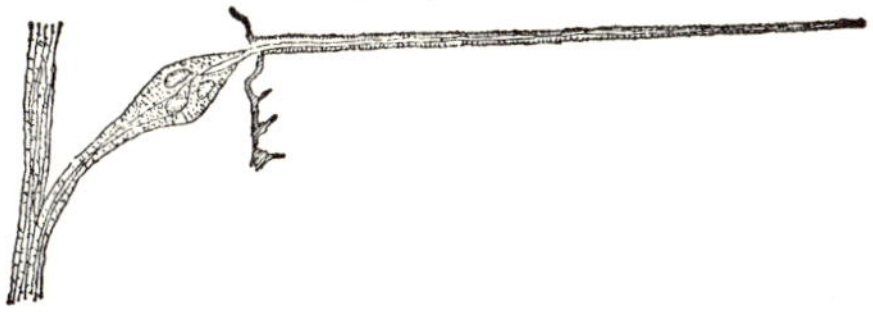

（上）クロバエの吻にある感覚毛の１本を示す。毛の根元には３個の細胞があり，２個は味覚に，１本は触覚に関係している。味覚細胞からは直径0.0001ミリメートルの細い突起が出て，毛の中を通り先端の刺激に感じる部分に達している。細胞の他の端は神経系に連絡している。（下）３個の細胞を拡大して示す。

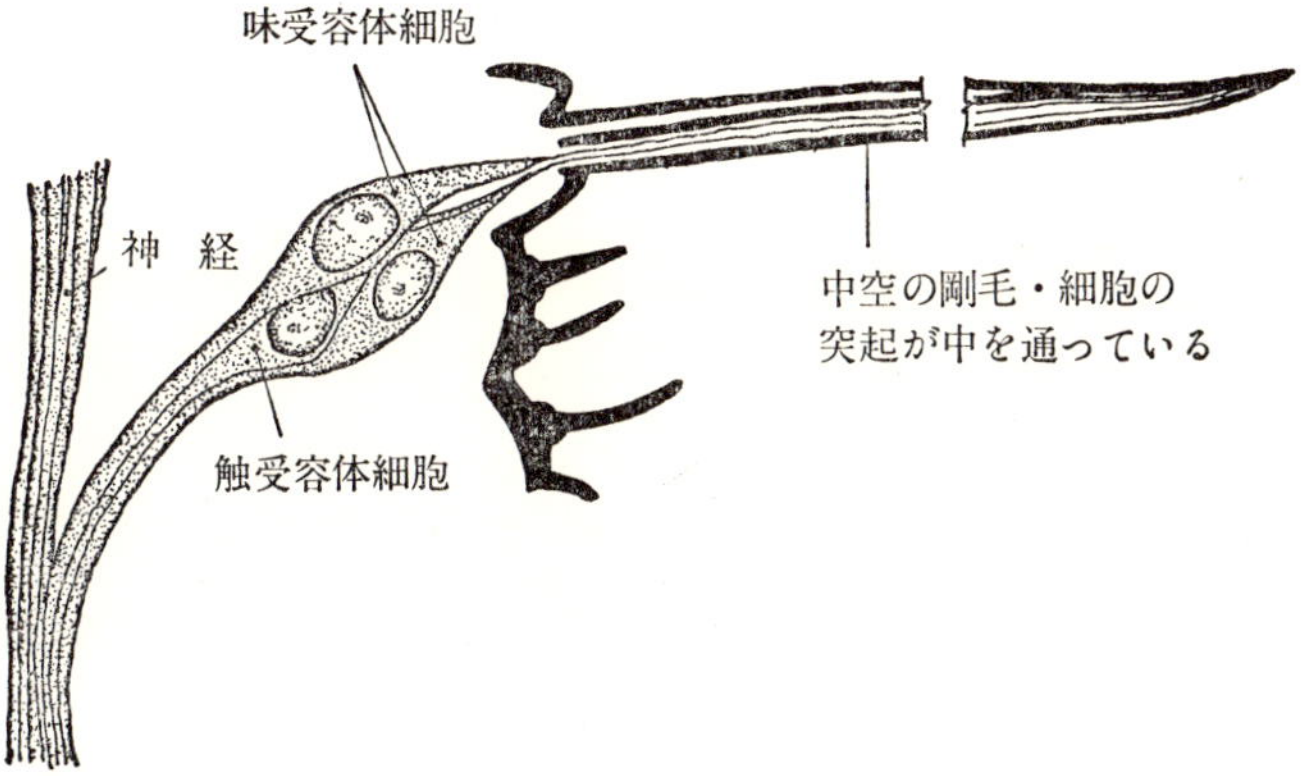

の毛によってクロバエの脳には、たとえば「濃い」、「うすい」、「濃すぎる」、「うすすぎる」、「うまい」、「まずい」、「非常にうまい」、「非常にまずい」などといったさまざまな情報が伝えられ、食物選択の範囲を広げるのに役立っている。

クロバエの足は砂糖に対する感度が吻より五倍も高い。また、ハエが空腹な時にはさらに敏感になる。実験的に十六日間絶食させたクロバエの足は、吻の七百倍も感度が高い。

しかし、これは昆虫では普通のことのようだ。空腹にしたチョウは、水で〇・〇〇三パーセントにまでうすめた砂糖を検出できるが、食物を充分に与えたチョウでは濃度を〇・三パーセントに上げなければ反応しない。人間の舌は〇・六パーセントの砂糖を検出できるにすぎない。

肉食性の昆虫であるゲンゴロウダマシを、報酬と罰とによる通常の方法で訓練する試みが行なわれたことがある。虫が訓練者の望むことをした場合には、甘く味をつけて一層おいしくした肉を与え、まちがえた時にはキニーネをつけた肉を与えた。その後で何カ月かにわたって、はじめに塩からい食物を、つぎに甘くした肉を与えるということを規則正しく行なった。この順序に虫がすっかり慣れた時、こんどは食物ではなく「味」だけを——綿に砂糖か塩を含ませるという形で——与えてみたところ、虫は「塩のあとで食事」という順序にすっかり条件づけられていたため、塩で味つけした綿を偶然味わって拒否するまでは、好きな砂糖を無視しようとしたのである。

ミツバチの味覚は何度となく調べられてきた。その結果わかった驚くべきことの一つは、合計三十四種類の糖またはそれに近い物質のうち、人間の舌に甘いと感じられるものは三十種類あるのに、ミツバチに甘いと感じられるものは九種類しかないらしいということである。実際、われわれが甘いと感じる物質のほとんどは、ミツバチにとっては味がしないらしいのだ。また、糖類の大部分はわれわれには甘く感じられるのに、ミツバチはその本来の食物である花の蜜や葉から出る甘い汁に含まれる糖だけしか甘いと感じない。また、サッカリンなどの人工甘味料も味がしないし、濃度が高いと忌避反応を起こさせる。

魚の場合には、この問題を別の方向から、より積極的な方法でとらえることが可能だ。ただ、魚では、一つの基本的な点をはっきりさせておかないと混乱をまねく恐れがある。魚の二、三センチメートル前に食物があったとしよう。その食物からは分子が水中を拡散して魚の鼻孔に達するから、さきに述べた定義に従えば魚は食物のにおいをかぐことになる。一方、同じ水は味蕾にも到達する。ところで魚の味蕾は口の中だけにあるとは限らず、コイ、タイ、ボラ、チョウザメなどのように頭や胴の表面にあるものや、ナマズなどのようにひげにあるものもある。また、鰭条が糸のように長くのびている魚も多いが、これに多数の味蕾がついているものもある。ロックリング（タラ科の魚）では背びれの前に独立した鰭条があるが、食物を探す時にはこれを速く連続的に振動させる。これは口の中でキャンデーをころがすのに奇妙に似かよっている。

ロックリングが食物を求めて水のにおいをかいでいるのか、それとも水を味わっているのかという疑問は、味蕾から出ている神経を調べれば解決できる。魚類では嗅葉と呼ばれる嗅覚の中枢が脳の最も目立った部分の一つを占めており、ここに嗅神経（第一脳神経）が来ている。これに対して味蕾には、顔面神経（第七脳神経）、舌咽神経（第九脳神経）、迷走神経（第十脳神経）の三者から枝分かれした神経が連絡しているのである。

味覚がどのように利用されているかは、魚の行動からも知ることができる。アメリカナマズは横腹やひげに食物が触れると素早く向きを変えてこれをつかまえる。しかし実験的に外科手術を施して味蕾に行っている神経を切断すると、このような部分に食物が触れてもナマズは注意を向けないようになる。

ヒメジは胸びれで泥をあおった後、ひげを使って、かき乱された海底を調べる。その動作はヘビが舌をちょろちょろさせるのを連想させる。アフリカの肺魚には一対の細長く伸びたひれがあり、これに食物が触れると身をひるがえしてとらえる。ホウボウ科の魚には変った形の胸びれがあって、その鰭条の何本かは独立して指状となり、味蕾をそなえている。ホウボウ科のトリグラ・リネアタは底を歩いていて食物にこの独立した鰭条が触れると、向きを変え、口でその食物をつかまえる。さらに重要なのは、この魚は食物を口に入れる前に、まるで味わうかのように鰭条でなでることである。

カエルは視覚によって食物を見つける動物である。あるとき、地面を這っているミミズを見つけたヒキガエルは、足を小刻みに動かして、攻撃に最も適した位置まで行ってから口でとらえた。もがくミミズの長い体を口に押し込むためには、まず片方の前足を、つぎにもう一方の前足を使う必要があった。その少し後で、ヨーロッパヤマカガシの子が地面を這って来たのを見つけたヒキガエルは、数秒間眺めてから、また体を移動させ、そして飛びかかった。

ヒキガエルは、いったんはヨーロッパヤマカガシをくわえたが、たちまち前足の一方を、ついでもう一方を使って、必死の勢いで口から吐き出した。ヨーロッパヤマカガシはおこると不快な刺激性の液体を排泄腔から出すのである。

ヨーロッパヤマカガシの成体はヒキガエルを食べる。その子は大きさが違うほかは成体そっくりなのだが、ヒキガエルは成体からは全力で逃げようとするのに、その縮小版に対してはためらわずに食べようとした。眼はヒキガエルをあざむいたが、味蕾は直ちに警報を発したのである。

このエピソードは何種類もの感覚をそなえることの意義を理解する上で役立つ。

オウムは大抵の鳥よりは味の識別能力がすぐれている。飼っているオウムに食物を与えると、必ず舌で調べてから食べる。ある家で二十年近くもペットとして飼われていたオウムは、いつもブドウとバナナを食べていたから、どちらも見ただけで分りそうなものなのに、食べる前にはいつでも舌で調べていた。そして、これには十分理由があった。バナナがよくうれていなかったり、うれすぎていたり、ブドウが最高級品でなかったりすると、そのオウムは受けつけなかったのである。

大部分の鳥では舌はそれほど重要ではない。オウムの舌はやわらかくて大きいので、見ただけで大抵の鳥よりは味の識別能力がまさっていると予想できる。また、舌が大きいから味蕾も多いことが予想されるが、事実その通りで、大抵の鳥では二十個から六十個しかない味蕾が、オウムには約四百個もあるのである。

ここにも、草食性の動物には肉食ないし昆虫食性のものにくらべて味蕾が多いという奇妙な事実がある。

ミヤマガラスは昆虫のほかに穀物も食べるので農夫に嫌われる。また、肉も食べ、機会があれば小鳥やハツカネズミを殺すし、腐肉も食べる。これまで知られているところではミヤマガラスの味蕾は決して多くなく、オウムの七分の一という普通の鳥なみである。しかし、あるミヤマガラスにベニモンマダラ（ガの一種）を与えたテストによれば、ミヤマガラスに味覚があることは確かなようだ。

ベニモンマダラは主に赤い色をしたガである。灰色がかった前翅にまで赤い点がある。赤は動物の間では警戒色の一つである。警戒色を持つ昆虫は毒針があるか、ひどく不快な味がするかのいずれかで、捕食しようとする動物にとって好ましくないものである。若い鳥が警戒色を帯びた昆虫をくわえると、すぐに落としてしまい、それ以後はその昆虫の警戒色を見ただけで、もうくわえようとはしなくなると言われる。

さて、このミヤマガラスは生まれた時から人の手で育てられたもので、鳥舎に入れてあった。同じ鳥舎にはやはり人手で育ったカササギが一羽飼われていた。どちらの鳥もそれまでベニモンマダラを見たこともなかったのは確かだったが、ある日、ミヤマガラスにこのガを一匹与えて、それを食べるかどうかをみた。ベニモンマダラには青酸が含まれている。ミヤマガラスはそれを口に入れるやいなや、落としてしまった。おもしろいことが起こったのはその後である。

ミヤマガラスはくちばしを木片にこすりつけて、ぬぐおうとした。また、口を冷そうとするかのように、ぬれた草の葉をくわえた。それからカササギに向かって攻撃をしかけ、鳥舎の中を追い回したが、こんなことはいまだかつてなかった。

ミヤマガラスの味蕾はわずか六十個かも知れないが、この数で充分に必要を満たしているように思えるのである。

多くの草食動物、とくに有蹄類が食塩その他の無機塩類を好むことはよく知られている。これらの動物は塩分のある土地を探し出し、また、岩塩を置いておくとおびきよせられる。アフリカゾウは前足で穴を掘って塩分のある土を探す。ラクダは塩気のある土壌に生える植物を探し出す。彼らが食べるのは食塩すなわち塩化ナトリウムだけとは限らず、マグネシウム、鉄、銅、ニッケルなどの硫酸塩も好む。シカは自分や仲間のシカから脱け落ちた角を食べる。アフリカで最も美しいカモシカであるボンゴは木炭を好むといわれる。

動物がこのようなものをなめたりかんだりするのは、その物質が体内に不足するためであることは疑う余地がない。これは味蕾の持つもう一つの目的について手掛りを与えるように思われる。すなわち味蕾はわれわれが食べているのが素性の正しいものかどうかを教えるだけでなく、体のどこかにある未知の感覚と協力して、体が何を必要としているかに応じて、今どのような種類の食物をとるべきかを教えるのである。

第十章　嗅覚の世界　――においと動物――

われわれの鼻の奥には、においに感じる膜（嗅上皮）があるが、その大きさは小さい切手くらいである。中型のイヌの嗅上皮は、平にひろげたとすれば、同じ切手を五十枚並べた大きさになる。人間の嗅上皮には五百万の感覚細胞がある。最も優秀な追跡犬の嗅上皮には二億二千万の感覚細胞があり、個々の感覚細胞の機能も人間のものよりすぐれている。イヌの鼻は人間の鼻の百万倍も敏感なのだ。

一九四五年にカイロ警察は、ドイツシェパード犬に命じて、四日半ほど前に岩の多い土地を越えて行ったロバの跡をつけさせた。このイヌが吠えるのを止めたとき、そこはもうロバがかくれている家の前であった。

このドイツシェパードの能力を評価するには、われわれが片足を地面につけるたびにどのようなことが起こるのかを調べてみるとよい。はだしで地面に触れると、一回に〇・〇〇〇〇〇一グラムの汗が地面につく。そのにおいの成分は酪酸である。皮やゴムの靴をはいていても、足を運ぶたびに何億個という分子が靴を通してしみ出る。歩いた後に残った微量の汗の組成は、まもなく変化し始める。このため、イヌは人が通った跡をかいで、その人がどの方向に向かって歩いて行ったかをあてることができる。一番古い汗から出たての汗まで、組成の変化による勾配ができるので、数メートルほどにおいをかいで歩けば、その方向がわかるというわけだ。また、分子はゆっくりと地面に浸み込んで行くので、汗の化学組成のほかに、地面への浸み込み方にも時間による変化があらわれる。汗は軟かい土地に最も浸み込み易いが、岩にもけっこう速く浸み込む。

ドイツシェパードの能力は、嗅上皮の能力が十分でないわれわれには奇跡のように思えるが、これは人間の日常経験を超えているからに過ぎない。

ガの雄は雌が出すにおいによって雌を発見する。雄の嗅受容器は体のわりに大きい羽毛状の触角にある。まゆから出たばかりで交尾の用意のととのっていない雌はにおいを出さない。雌が交尾できる状態になると、腹部の後端にある特別のふくろの中に一ミリグラムのさらに一万分の一にも足りない小量の香水が作られる。準備万端ととのった雌は、このふくろの内膜を露出させて香水のにおいをふりまく。極微量の香水は空気中を拡散して行くが、十一キロメートルも離れた所にいる一匹の雄の触角にこの香水の分子が一個あたるだけでも、雌をさがす行動を開始させるには充分なのである。雄を雌のもとに引きつけ、交尾させるための強い反応を起こさせるには、せいぜい数百個の分子があれば足りる。

一匹のガから出される量がどれほど少いかはアドルフ・ブテナントによって示された。純粋な香水を十二ミリグラム集めるために、彼は五十万匹の処女のカイコガを使う必要があった。この香水を油に溶かしたものにガラス棒を浸して、それを雄のカイコガの近くに持って来ると、棒にはわずか数分子しかついていなくても、ガは翅を速くふるわせ始めるのだった。

以上のことは嗅覚が、信じられぬほど小さい刺激に対して働くことを強く示唆している。また、受容体そのものも驚くほど小さい。直径が〇・二ミリメートルの昆虫の触角の中には約二万個の感覚細胞と四万本の神経繊維とがあり、この神経繊維は五千本を除いてすべて嗅覚に関係している。すなわ

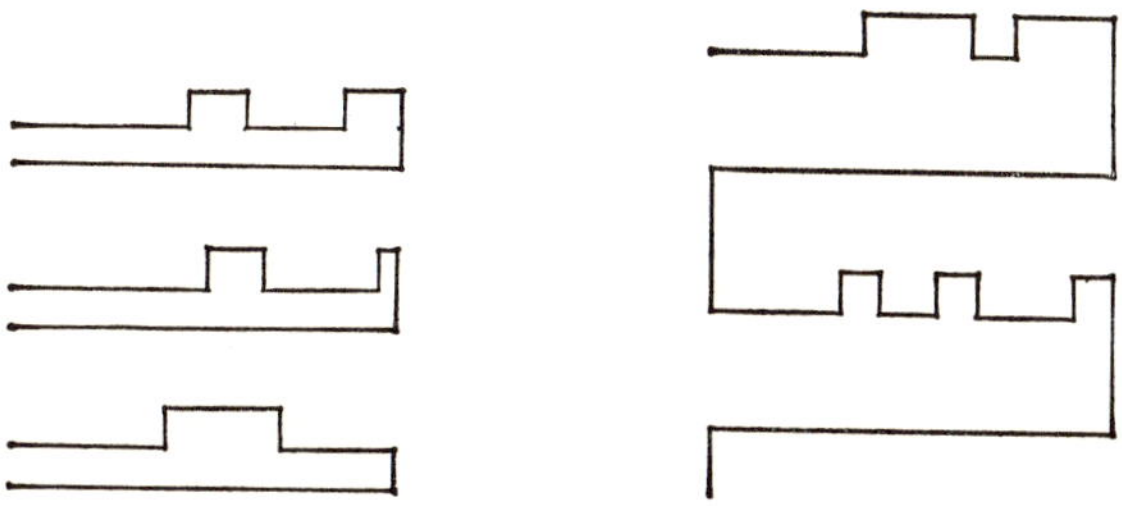

嗅覚のしくみを説明する「かぎとかぎ穴の説」の図解。左側の３本の「かぎ」は３種類のにおい物質の分子を示す。３本ともAの「かぎ穴」には合うがBの「かぎ穴」には合わない。このため３本の「かぎ」は形は少しずつ違っていても同じようなにおいを示すことになる。

ち三万五千本の嗅神経繊維があることになるが、この中には一種類または小数の種類のにおいにのみ反応する専門型神経繊維と、広い範囲のにおいに反応する一般型神経繊維とが区別できる。

雌のガの香水に反応する雄は、そのにおいを専門型神経繊維を通じて感じ、まわりの空気中に無数に存在する他のにおいを一切無視して飛んで行く。これは追跡犬が一人の人間のにおいだけを選びとって、他のすべての人のにおいを除外するのと同じである。

いろいろと説はあっても、いまだに分っていないことは、嗅上皮に分子が当たると、どうして微小な神経インパルスが発生し、脳に向けて送り出されるかである。ある科学者たちは、感覚細胞の表面膜と、それに触れた分子との間で化学反応が起こると示唆している。現在これよりも広く受け入れられている見解は、ある特定の形をした分子が、それにぴったり適合する形をした受容体にはまり込んだ時だけ、細胞に電流が生じるというものである。これが、かぎとかぎ穴の説であるが、もっともらしさの点でも、また証明することも否定することも難かしいという点でも、他の諸説と五十歩百歩である。

また別の説では、においの分子に特有の性質はその振動であるという。すべての原子は振動しており、分子の振動はそれを構成するすべての原子の振動の結果である。したがって、どの物質にも特有の振動パターンがあるが、振動の似ている物質は同じようなにおいがするのである。また、哺乳類では鼻の内面にある細胞に遊離のビタミンAおよび蛋白質と結合したカロチノイド類が含まれていることが示されている。カロチノイドは最初はニンジンから発見された色素で、同類は広く生物界に存在するが、これがにおいの分子からエネルギーを受け取るのかも知れない。眼のロドプシン（視紅）の分子は光が当たると形を変える。嗅上皮でも、ロドプシンと化学的に近い関係にあるカロチノイドがこれと似た変化を起こして脳へ行く信号を発生させている可能性もある。

あるいは、動物のグループにより、嗅上皮に対する分子の作用は異なり、昆虫ではある説が成り立つが魚ではまた別の説が成り立つということがあるかも知れない。

嗅受容器が刺激されるしくみは、今のところ学問上の興味を呼び起こすだけかも知れない。これよりも印象的なのは、におい刺激の脳に及ぼす効果である。かつてエイドリアン卿はハリネズミを麻酔してから脳に銀の電極を刺し込み、においのする物質を脱脂綿の玉につけて鼻孔の前に置いてみたところ、強いにおいのする物質の場合には脳の表面の三分の二が電気的活動を示したと記している。これは、目もくらむような閃光が眼前で輝いたのに相当するものだったのである。

嗅覚はすべての感覚の中で触覚についで普遍的に動物界に存在するもののようだ。食物を探し、また選択するのに主要な役割を演じるのは嗅覚だし、ごく下等な動物の場合以外は、嗅覚が雌雄を引きつけるのに決定的な役目を果たしている。このことの、高等動物における注目すべき例外は、鳥類と霊長類（サル、類人猿、ヒト）である。さらに——やはりこれらの例外を除いて——嗅覚がなわばりの標識や敵の探知に果たしている役割は大きい。

あらゆる感覚の中で、受容体細胞の形がイソギンチャクからヒトにいたるまで同じままなのは嗅覚だけだとも言われている。動物界を通じて、嗅覚の受容体は、におい分子を受けとる突起をそなえた単純な形の細胞であって、特殊化がみられるとすれば、触角であれ、鼻孔や皮膚であれ、すべて嗅覚器の存在するところには多数の感覚細胞が密集することと色素が加わることぐらいにすぎない。

色素の存在と嗅覚との間には関係があるらしい。このことは一八五二年に記載された奇妙な症例によくあらわれている。それはアメリカのケンタッキー州に住むニグロを両親に持つ少年に起こったことである。この少年ははじめは全く普通と変わるところがなかった。しかし、十二歳の時に左眼の近くに白い斑点ができ、それが次第に全身にひろがって、十年後には縮れた毛を除いては「白人」になってしまった。ところで、彼の嗅覚は白斑があらわれはじめた時から失われはじめ、最後には全くなくなってしまったのである。

高等動物では嗅上皮が黄からこげ茶までのさまざまな色を呈しているが、このことも嗅覚と色素との結びつきを示している。人間の嗅上皮は赤茶色なのに対して、イヌの嗅上皮はほとんど黒に近いこげ茶である。皮膚の黒い人々は白い人々に比べて眼に含まれる色素が多いが、嗅覚もまた鋭いようである。サハラ砂漠のアラブは五十キロメートル先の火のにおいをかぎつけるというし、ニグロは白人よりも嗅覚が鋭い。子どもは大人よりも嗅覚が劣るが、その鼻の内面にある色素も大人よりずっと少ない。このことと関連して、黒い服は明るい色の衣類よりもにおいをよく吸うということも注目してよい。

色素が無いと機能を失うのは嗅覚に限ったことではなく、視覚も、聴覚も同様ではないかという反論もあり得る。白ネコが一般に耳が遠いというのはその一例である。ただし、これは完全に純白なネコの場合に限られ、色のついた部分が少しでもあるとこうはならない。また、嗅覚の場合、色素は感覚細胞自体の中になくとも、近くの組織中にあればよい。追跡犬では鼻づら、特に鼻孔の周辺に色素に富む部分があるが、これも嗅覚に関係しているかも知れない。

味蕾の場合と同様に、嗅受容器もすぐ疲労する。花のにおいをかいでいると、快い香りは次第に弱くなり、やがて全く感じられなくなる。しかし、疲労から回復するのも早い。鼻の働きを最高の状態まで回復させるため、追跡犬は時おり止まっては鼻から息を出して嗅上皮を清める。

嗅上皮はいつも粘液でぬれている。よく、イヌの鼻が乾いていれば病気だと言って、鼻を健康のバロメーターにしているが、鼻がぬれていることの主な目的は、嗅覚に附随するものなのであろう。これは、イヌと同じくらい鋭敏な嗅覚の持主と思われるハリネズミの行動からも類推できる。家の中で飼われ、人に慣れているハリネズミは、見知らぬ人が部屋に入って来ると——特にその見知らぬ人に抱き上げられたりすると——鼻水をたらし始める。これが、かぎなれないにおいに対する不快感のあらわれなのか、疲労し易い嗅上皮を清めるためなのかは不明である。

嗅上皮には、広さ、湿り具合、色素、年齢などといった嗅覚器の性能に影響する要素のほかに、個体差があることも確かと思われる。つぎの例は二人の人間の間にみられる個人差を示している。ある科学者が夫人とともにロンドンの大きな終着駅のホームに立っていた。夫人は熱心な自然研究家で、キツネのにおいがわかるということで有名だった。二人が列車を待ちながら、さまざまな物のにおいが入り混った空気の中に立っていたとき、夫人は鼻をくんくんさせ、そして「キツネだわ」と言った。

「このあたりには、何マイル行ってもキツネなどいるわけがないよ」と夫の科学者は言ったが、それでも念のためにわざわざ問い合せてみた。そして知らされたことは、キツネが食堂車から出る食物をあさりに大きな駅のまわりをうろつくことは決して珍しくないという事実だったのである。

夫人はキツネのにおいを正しくかぎ当てることができたが、その反面、夫には容易にわかるある種の花のにおいをかぎわけることはできなかったということである。

野生動物の場合、同じ種類に属する動物の間でどのくらい個体差があるものかはわかっていない。イヌでは、品種により、また同じ品種のイヌでも個体によって大きな変異がある。このことは行動能力だけから判断しても確かである。

この点はこれまで動物感覚について書かれた本の中で、あまりにもしばしば無視されてきた。たとえば、イヌに一卵性双生児の見分けがつくかどうかを試した有名な実験がある。それを述べる前に、一八八五年にG・J・ローマニズによって行なわれた、この方面での初期の実験の一つをとり上げよう。十二人の男がローマニズの後について、それぞれが前の人の足あとの上に注意深く足をのせるようにしながら一列になって進んだ。しばらく行ってから全体は二組に分かれ、それぞれ別の場所まで歩いて行ってから、かくれた。その後でローマニズの飼犬を放したところ、ほとんどためらうことなしに、主人のかくれているところまで足あとをたどって行ったのである。

この実験や、その後に行なわれたいくつかの実験にもとづいて、一卵性双生児についてのテストが計画された。双生児を含む一団の人が戸外をしばらく進んでから、二手に分かれたが、このとき双生児もそれぞれのグループに一人ずつ入るようにした。こうしてから、あらかじめ双生児の一人のにおいをかがせておいたイヌを放したが、イヌは間違った方のあとをつけてしまったのである。その後の研究で、一卵性双生児のにおいは互いに非常に似ており、イヌは二人のにおいを同時にかぎくらべた場合以外はこれを区別できないことがわかった。

このようなことは、どのイヌを使っても同じであるに違いないと思われがちである。これが平均的なイヌの能力をあらわしているらしいとは言えるし、それだけでも大したものではあるが、しかし、本当のところは、もし十分に多くのイヌについてテストしたとすれば、たとえあらかじめ二人のにおいを同時にかぎ比べさせておかなくても、教えられたにおいに従って、双性児の一人を正しく追跡できるものが何頭かはいるのではないかということも考えられるのである。

イヌの嗅覚の鋭敏さに影響する要因はほかにもある。W・ノイハウスが行なった実験では、何頭かのイヌに酪酸一グラムを加えた餌を与えたところ、二時間後にはイヌの嗅覚は低下していたが、四、五日たつと、すべて酪酸を含むものに対する嗅覚は実験の当初に比べて三倍にも高まったのである。もしかすると、このことは殺した動物の肉を食べる野犬にとっては重要かも知れない。えものには酪酸が含まれているが、野犬はこれを満腹するまで食べると数日間は何も食べずにいる。その後再び空腹になった時には、えものに対する嗅覚も高まっているので、追跡能力は頂点に達し、時間とともにうすれていく足あとをつけることもできるほどになることが想像される。

哺乳類をはなれる前に、ハツカネズミで、結果的に一種の人口調節の機能を果たしている奇妙な反応について述べたい。交尾をしたばかりの実験用ハツカネズミでは、その交尾相手以外の雄のにおいが近くですると妊娠が成立しなくなる。このため、ハミツカネズの「人口爆発」が起こった場合など、多数が密集した時には、ほとんどの雌が子を産まなくなってしまうのである。

大抵の動物が鋭敏な嗅覚をそなえているのとは対照的に、鳥類の行動からは貧弱な嗅覚の存在しか

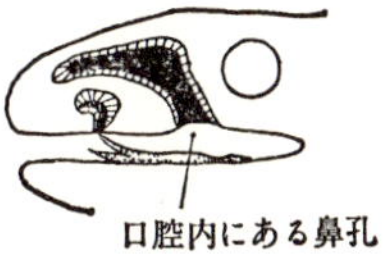

ヘビの頭部の断面の模式図。ヤコブソン器官の位置を示す。ヘビは舌をちらちらと出し入れしているが，引っ込めた時には二つに分かれている舌の先を口蓋にある二つのくぼみにおし当てる。このくぼみがヤコブソン器官と呼ばれる嗅覚器官なのである。

見てとることができない。その貧弱なことは、一般に鳥には嗅覚が無いとさえ言わせる程なのだ。これは大体において正しいらしく思われる。しかし、いくらかの海鳥とアヒルとは、少くとも並みの嗅覚をそなえているらしく思われる。北大西洋にいるミズナギドリ科のフルマカモメは、煮た肉やその脂肪を海に投げるとかなりの遠方から飛んで来ることが知られている。かつてフルマカモメは北極海で捕鯨船のまわりに群がって、クジラのくず肉にありついていたものだが、これがはじまりとなって、彼らは南に大きく拡がり、イギリス沿岸までやって来ることになった。つまり、北極海のクジラが絶滅するのにともなって、フルマカモメは魚のくず肉を求めて漁船団の後を追うようになったのである。

近年になって研究された鳥にニュージーランド産のキーウィー（無翼鳥）がある。この鳥は夜間に長いくちばしを地面に突っこんでミミズを食べる。他の鳥と違ってキーウィーの鼻孔はくちばしの先にあるので、以前からこの鳥はえもののにおいをかいでいるのだろうと想像はされていたが証明されていなかった。一九六八年にバーニス・ウェンゼルは土を入れたアルミ管の口をナイロンの布でふさぎ、キーウィー保護区の地面に何本も埋めておいた。その半数には土だけが入っていたが、あとの半数にはミミズなどの食物が混ぜてあった。朝になってみると、食物の入った管のナイロン布だけが破られていたのだった。

爬虫類の嗅覚はかなりよい。ヘビの口蓋にはヤコブソン器官という特殊化した嗅覚器官がある。これは感覚神経終末に富む二つのくぼみで、胚が発生する過程で鼻腔から形成されたものである。ヘビが舌をちょろちょろと出し入れしていることは古くからよく知られていたが、以前は舌には毒があり、一種の毒針になっていると考えられていた。その後、舌は触覚器官ではないかと考えられたこともあり、これはある程度は当たっているかも知れない。現在では舌は嗅覚のために使われていることが知られている。

ヘビは口を閉じたまま両くちびるの間の小さな隙間から舌を出し入れする。舌は先が分かれており、口から出ている時にはちらちらとふるえて、空中に浮かんでいるにおいの粒子をとらえる。他の物体に舌が触れることはめったにない。舌を口に引っ込めた時には、その二つに分かれた先端を口蓋にある二つのくぼみにそれぞれさし入れて、においの粒子を送り込む。

ヘビ以外の爬虫類の嗅覚の鋭敏さを示す例として、カール・P・シュミットとロバート・F・インガーの著書『生きている世界の爬虫類』にのっている気味の悪い話はここにあげておく価値がある。米国のインディアナ州に住んでいたインディアンの老人は溺死体を見つけ出す腕前が良いことで評判だった。彼は大きなカメを一匹飼っていて、それを死人がいると思われる湖へ連れて行き、間もなく死体を探し出すのだった。彼の方法はカメに長い針金をつけて小舟から放し、しばらく泳がせて死体から出るにおいをとらえさせるのである。カメが死体を見つけ、まさに食べようとするところに、そのインディアンは針金をたどって行くことができたのである。

高等動物の嗅覚能力を判定する最良の手掛りの一つに、脳の各部分の全体に対する割合がある。嗅上皮からの情報を処理するのは脳の前部にある一対の嗅葉と呼ばれる部分であるが、魚類ではこの部分が他の部分と比べて大きく、サメにいたっては巨大なものとなっている。サメは主ににおいによって食物を見つける動物である。これに対して鳥類の嗅葉は一般に非常に小さい。

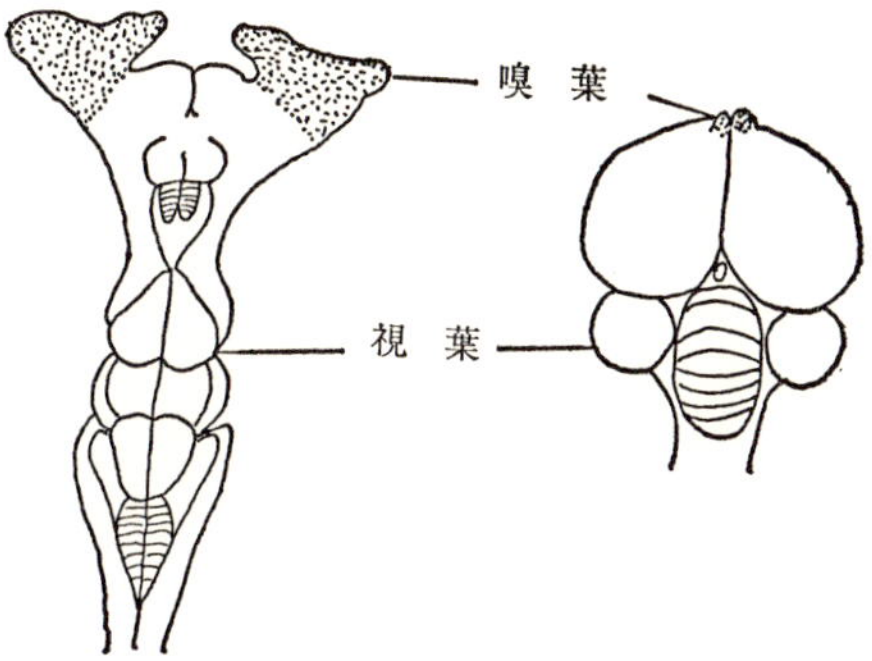

脳のいろいろな部分の相対的な大きさは，各種の感覚の重要さを示す目安になる。サメの脳(左)では嗅葉が大きく，視葉は小さくてかくれている。サメは嗅覚によって獲物をとらえるので視覚はあまり重要でない。鳥の脳(右)では反対に嗅葉が貧弱で視葉が大きい。

嗅覚にたよって餌をとる魚はサメだけではない。ウナギも他の動物の死体などを食べているが、湖や川の暗い水底で、通常は夜間に餌をとる。ウツボも同様である。ウツボのえじきとなる動物の一つにタコがある。タコは一般には墨汁を出して煙幕を張り、相手の眼をくらまして逃げると信じられているが、これは俗説に過ぎない。実際にスポイトにインクを入れて大きな金だらいにくんだ水の中に噴射してみれば、インクが十分に拡がって煙幕となるまでにはかなり時間がかかることが分る。それまでの間にウツボはゆうゆうとタコをつかまえてしまうことだろう。

数年前に明らかにされたところでは、タコの墨汁にはウツボの嗅覚を一時的にだめにする物質が含まれているというのが真相なのだ。だから、ウツボがタコを逃がさずにつかまえるためには不意打ちを食わせる必要がある。

魚類の生活に嗅覚が大きな役割を果たして

いる例をあと二つあげよう。一つはわれわれになじみ深いものであり、いま一つは数年前までは予想もされなかったことである。第一の、なじみ深い例とは、回遊をする魚による嗅覚の利用で、中でも川の上流で卵からかえったのち海に下り、数年後にまた生まれ故郷の川に戻って来るサケが最もよく知られている。

　これは動物学者たちを長い間悩ませていた問題だった。一九五七年にL・R・ドナルドソンとG・H・アレンとはロッキー山脈の一つの川からサケの卵をとって来て、数百マイルはなれた別の川に移してみた。その卵からかえった稚魚は常のごとく海に下って行ったが、やがて戻って来たのははじめ卵のあった川ではなく、孵化が行なわれた川であった。

　この五年後に、A・D・ハスラーはイサカ川が二つに枝分かれした上流で、戻って来たサケを三百尾とらえ、そのうち半数のものの鼻孔を綿でふさいでから全部を川の分岐点より下流に運んで放流した。すると鼻孔をふさがれなかったサケはたちどころに自分がとらえられた方の流れを選んで上って行ったが、鼻孔をふさがれたサケは分岐点の下手でまごつくばかりで、どちらの方向にも上って行くことができなかった。サケを導いているのが嗅覚でなくて味覚である可能性は全くない。というのは大部分の魚では鼻孔は頭の先方にあるくぼみであって、口とはつながっていないからである。ふつう、左右それぞれの鼻孔には二個の互いにつながったくぼみがある。くぼみの内面には嗅上皮があり、ひだになっているためにおいを受けとる面積は大きい。

　第二の、予期されなかった発見というのは、傷を負った魚の傷口からにおいのある物質が水中に出されることで、この物質は仲間の魚の鼻孔に達すると警戒反応を引き起こす。すると魚の群れは崩壊し、魚は散り散りになる。このことははじめヨーロッパのミノー（コイ科の小魚）で発見されたが、その後、同様の反応が多くの魚で起こることが分った。しかし例外もあり、特にサメのように仲間のちぎれた死体も食べてしまうような魚ではこのような反応は全くみられない。

魚の生活に嗅覚がこれほど大きな意味を持っていることは驚くに当たらない。たとえばウナギを調べたところ、その嗅覚はイヌよりもすぐれているという。嗅覚の能力が低い人間でさえ、ある花の香や、松林のにおいなどをかぐと、遠い子どもの日のいきいきとした思い出が、輪郭はおぼろげながらも、次から次へとよみがえってくる。だから、生まれた川のにおいが海に流れ込んで、サケを導くということも、われわれには分るのである。

無脊椎動物でも、脊椎動物の場合と同様に嗅覚は味覚と密接に結びついている。下等なものではこの二つは区別できないことが多く、共通化学感覚と呼ばれるのが普通である。しかし、特に昆虫では、はっきりとした嗅覚の認められる場合がある。このような場合、嗅受容器は触角にあるのが普通であるが、同時に口器にもある場合がある。

このことを示すのは容易である。たとえばゴキブリのそばに、においの強いチーズを持ってくると、触角を空中で振り動かしてからチーズの方に向け、やがて触角を向けたままチーズに近寄ってくる。触角を切り落したり触角にニスを塗ってしまうと、ゴキブリはチーズに関心を示さなくなる。嗅覚の補助器官が口器にある昆虫では触角を切っただけでは嗅覚は減退するが完全にはなくならず、口器にもニスを塗るとはじめて完全に消失する。

昆虫の嗅覚に関して最も初期に行なわれた実験は、大ざっぱながら説得力のあるものだった。それは、ガの採集家たちによって、ほとんど偶然のきっかけで行なわれたのである。採集した処女のガを箱に入れておくと、たちまち多数の雄のガが引きつけられ、箱のまわりに集まった。雌をとり去った後も、そのにおいがついている箱には前と同じ位の雄が相変らず引きつけられた。採集家がその箱を家に持ち帰ると、そのあたりにはその種類のガはいないのが普通なのに、依然として何匹かの雄がやって来ることもあった。明らかに彼らは遠い所から飛んで来たのだ。

この、ほとんど偶然的ともいえる実験は、今世紀になって行なわれたさらに精密な実験によってその正しさが確かめられた。さらに詳しく研究が行なわれた結果、雌が香水を出して雄を誘引するだけでなく、多くの種類では雄も雌のところまで来ると、一種の鎮静効果のある香水を出して雌を制圧し、交尾を受けいれさせることが明らかになった。また、この物質には、その場に来た他の雄をしりぞける作用もあるらしいことが分った。

昆虫の交尾にはロマンチックなところなど全くない。雄の触角に二、三個の分子がつくと、自動的に翅が振動し始め、さらに数個の分子がつくと、雄はその分子を運んで来る風に向かって飛び立って行く。標的である雌を通り過ぎ、触角に分子が衝突しなくなると、雄は着陸し、時には地面を這いながら触角をはたらかせ、ふたたび雌を探知するとその方に向かって飛び立つ。

触角は方向探知器の働きもする。右の触角に左よりも多くの分子が到達する時にはガは進路をやや右に変え、両方の触角に同じ量の刺激が与えられるようにする。いくつかの昆虫で、左右の触角を交差させて固定する実験が行なわれているが、こうされた昆虫はにおいの粒子が流れて来るのとは反対側を向くだけで、すっかり混乱してしまい絶対に目標には到着できなかった。

しかし、一・六キロメートル離れた地点で放した雄のガが十分後には雌のところに来たという例もいくつか知られている。つまり少なくとも時速約十キロメートルで飛行したことになる。これは人間が歩く倍以上の速さだ。ということは探索飛行に費やす時間はほとんどなかったに違いない。一方、

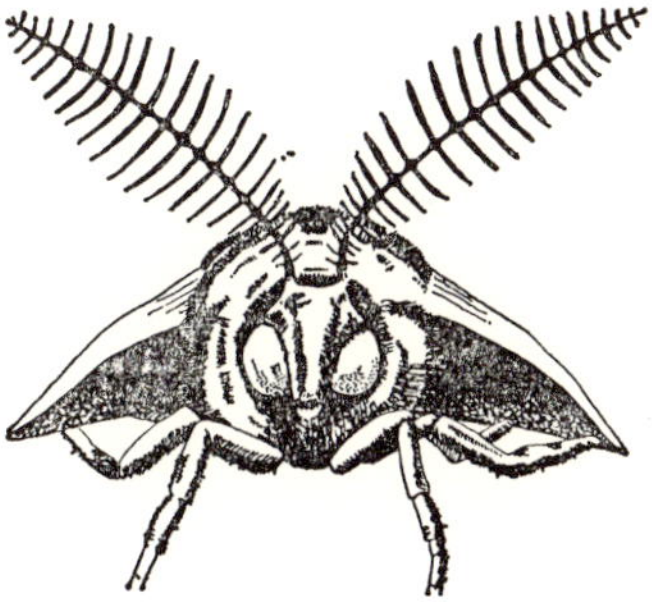

嗅覚器官である羽毛状の触角を眼の上にあげている雄のガの顔を見たところ。雌のガが出す一粒の微小な香水からは，何百万という分子が空中に飛び散って行く。これは遠くに行くに従って非常に薄まるが，その数個が雄の触角にある何万個もの感覚細胞のうちのいくつかに当りさえすれば，それで雄は刺激されて雌の所へ飛んで行くのである。

雄は五キロメートル、時によると十キロメートルも二十キロメートルも離れた地点から雌のいる所まで飛んでくることが知られている。しかしこの場合は、真っすぐに飛んでくるかどうかは確かでなく、においの流れを探りあてるまで何回も偵察飛行を行なうのではないかと考えられている。ともかく、雄は雌を一・六キロメートル先から探知できることはかなり確かであるから、この研究が行なわれたヤママユガ科のガの嗅覚は、一・六キロメートル先のにおいが分るといわれているゾウに匹敵するほど鋭いと思われる。

イヌやゾウでは嗅上皮が鼻の中のひだの多い骨の上に張られていて、においの粒子を受けとる面積が大きくなっているが、これと全く同様に、ガの羽毛状の触角も表面積が非常に大きい。結果としてイヌもゾウもガも、われわれに感じられないにおいをかぎつけることができる。たとえば、われわれには雌のガが出すにおいは感じられない。ただそれをベンゼンで抽出したものを使って、雌がいるのと同じように確実に雄を呼び寄せることができることから、その存在が分るに過ぎない。

昆虫には、イヌその他の嗅覚が鋭い動物と同じく、あるにおいを、それよりも強い別のにおいがあっても、かぎつける能力がある。これはルボック卿が何年も前に行なったアリについての実験ではじめて示したものである。アリはにおいの跡をたどって巣に戻ることが知られている。一つの巣のアリはみな同じにおいを持っているので、よそ者はすぐに見つかって追い出される。アリが食物をとりに出かける時には、通りつけた道をたどる。このような道をアリが何度も通るのを観察できるが、指でその道を横にこすってよごしておくと、アリはそこに来て道に迷ったようすを見せる。

ルボック卿は異なる二つの巣からアリをとって、それぞれがどちらの巣のアリかが分るように違う色で印をつけておいた。このアリを台にのせ、台のまわりには堀を作って水を入れた。それからアリにアルコールを与えると、アリはそれを飲んで酔っぱらい、死んだように横たわったばかりか、人間がかぐと、どのアリも強いアルコールのにおいを発していた。つぎに一方の巣からだけアリがやって来るように、その巣に近い所で堀に橋をわたした。その巣のアリは橋を渡って台までやってくると探険をはじめ、すぐに酔っぱらったアリどもを見つけた。だが、自分たちと同じ巣のアリだけを引っぱって巣まで運んで行き、残りのアリは堀に突き落して溺死させてしまったのだった。このことは彼らがアルコールのにおいにもかかわらず、仲間同志のにおいを識別できることを示している。

何年か後になって行なわれたテストでは、目かくしをされたアリも容易に巣に戻ることができた。しかし触角にのりを塗って嗅覚をさまたげると、巣に帰れなくなった。

すばらしい嗅覚を持った昆虫には、ほかにフランスショウロを食べる黒くて丸い小さな甲虫や、フランスショウロに卵を産みつける小さなハエがいる。フランスショウロは深さ三十センチメートルばかりの地中に育つキノコだが、これを美味と思う人もいて、彼らはそれを探す労力を省くため動物を使って鼻で探り出させている。自分で食べるためにこのキノコを探す野生動物は、イノシシ、ヤマネコ、オオカミ、クマ、シカ、ヤギ、アナグマ、ウサギ、リス、ハタネズミなど多くの種類がある。ある国々では、イヌを使ってフランスショウロをかぎ出させているし、ブタも使われている。サルジニア島ではヤギを使っている。土には脱臭作用があり、臭い物を土に埋めるのは一つにはこのためであるが、それだからなおさら、地面から三十センチメートルもの深さにあるキノコのにおいが分る動物は驚嘆に値するのである。これまでにこのキノコをかぎあてることのできた人は一人しかいないといわれる。イヌよりもヤギやブタの方が上手なことも、不思議である。イヌは仕込まなければならないし、飼主がある程度誘導してやらないと、よく失敗する。

その甲虫とハエにはフランスショウロを遠くから探知する能力がある。どれほど遠くから探知できるのかは分っていない。ブタの場合には風さえうまい具合に吹いていれば、土中のフランスショウロのにおいを五十メートルの距離からかぎつけることができる。それはともかく、これらの昆虫は正しい地点を見つけると地面をまっすぐに掘り進み、絶対に間違うことなくキノコに到達する。

以上述べたことは昆虫が嗅覚をどのように利用しているかについて、特に目立つ例をいくつかあげたにすぎない。われわれのまわりには、これほど目ざましくない例がいくらも進行しているのだ。ヒメバチ科に属する小型のハチは、卵をチョウなどの大きな幼虫の体に産みつける。卵からかえったヒメバチの子は、その幼虫の体内にある脂肪を食べる。生きていくために不可欠な器官は損なわれないから、その幼虫は蛹《さなぎ》の時期まで生き続け、そして死ぬ。その間にヒメバチの幼虫は食物をとって育ち、宿主である幼虫が死ぬ時には自分はうまうまと蛹になりおおせるのである。

ヒメバチの雌にとって、すでに他のヒメバチが卵を産みつけた幼虫に、重ねて産卵することは明らかに不経済である。そして、このような事は決して起こらないようになっている。その理由は簡単で、雌にはその幼虫にすでに他のヒメバチがとまったことがにおいで分るからである。

ミツバチは、においと嗅覚とを、蜜や花粉を見つける場合だけでなく、巣の中でのさまざまな生活活動にも利用している。二匹のミツバチが巣の中で出会うと、一方が食べたものを一滴吐きもどして、それをもう一方が口移しに食べることがよくある。このようにしてその巣のミツバチはみな同じにおいを持つようになり、しかもそのにおいは他の巣のミツバチのものとは違っている。ミツバチが一匹だけでよその巣に入って行けば、しばらくは気づかれずにすむこともある。しかし、正体を見破られ、手荒く扱かわれたあげくに巣から突き出される危険は常にある。よそ者が数匹入って来ると、発見される可能性はずっと大きくなる。こういう時、巣全体が警戒態勢に入り、何匹かのミツバチ——普通は働きバチの中の若者——が巣の入口に配備される。これは衛兵バチと呼ばれ、入口に近づくすべてのミツバチを触角を使って取調べる。仲間のミツバチはみな通行を許可されるが外来者は追い返される。しかし、おとなしく立ち去る者には危害は加えられない。

はじめの取調べだけでは、やって来たのがよそ者であるかどうかが衛兵バチにもよく分らないことがある。このような時には触角で調べながら巣の中までついて行くこともある。

ミツバチは巣の外でもにおいを利用している。一匹がよい蜜のありかを発見すると、においを出して航跡をつくり、それを仲間がかぎつけて蜜源までたどり着けるようにする。このようなにおいの跡は、他の巣のミツバチよりも同じ巣のミツバチに対して誘引力が強い。

ミツバチは迷子になることもある。迷子の一匹がやっと巣にたどり着いた時には入口で立ち止まり、体を持ち上げて出したにおいを翅であおいで空中にまき散らす。すると他の迷子のミツバチはこのにおいをたどって巣まで帰り着くことができるのである。

ミツバチは蜂蜜という商品を生産するために詳しく研究されており、それがにおいを利用していることや、その嗅覚について多くのことが知られている。たとえば働きバチは女王をにおいによって認識しているし、巣が組織ある社会としてのまとまりを保っているのもにおいによるところが大きい。

これまでに、ミツバチ、アリ、チョウ、甲虫などの昆虫をみて来たが、これらはみな昆虫の中でも高等なものである。昆虫にはゴキブリやシミなどのように原始的昆虫と呼ばれるあまり進んでいないものがある。このような昆虫の祖先は二億五千万年前にはもう地上にいたが、これは花の咲く植物（顕花植物）が現われるよりもずっと前である。このような初期の昆虫は現在の高等な昆虫ほど嗅覚を必要としなかった——少くとも蜜を集めるということがないのでこの面での必要性は全くなかったのである。そしてこれらの古い昆虫の子孫たちも、この点では進歩していないようで、顕花植物が存在するようになってから現れた昆虫だけが特別に鋭敏な嗅覚を持っているように思われる。

第十一章　眼のさまざま　――動物の視覚――

光を感じる感覚受容器をすべて眼と呼ぶならば、動物界にはほとんど動物の種類と同じ数だけ異なった種類の眼があるといってよい。これらを、脊椎動物の眼、複眼、簡単な眼、光を感じる皮膚の四つの型に分けることができる。しかし、他の種類の動物と完全に同じ眼を持つ動物はひとつもないから、この四つのグループの中にそれぞれ無限の変化がみられる。動物間の差は、たとえわずかでも必らず存在するのである。

視覚を考える場合には、このことをしっかりと頭に入れておくことが大切である。もしこれまで、ある種類の動物が別の種類の動物と見かけの似た眼を持っているから、これらの動物には物が同じように見えるだろうとか、これらの動物は視覚を同じような目的のために使っているのだろうとか考えていたのなら、このような考えは捨てなければならない。

視覚という非常に複雑な分野に踏み込むための出発点として、なじみ深い動物についておおまかな比較をしてみよう。知られているところでは、ライオンの視力はわれわれと同程度で、約一・六キロメートル離れた所から細部の見分けができる。これに対してサイの眼はわれわれの周辺視覚（視野の周辺部での視覚）と同じ位にぼんやりとしか物を見ることができない。サイが危険なのはこのためで、嗅覚によって気づくが早いか、風上に向きを変え、われわれのにおいのする方向に突進してくる。ゾウも似たようなものだ。

陸生動物中で最大の眼——体の大きさに対する割合ということでは最大ではないが——の持主であるウマは鋭い視力を持っているが、焦点を調節する能力は人間よりも劣る。アラビア馬は〇・五キロメートル離れた所から主人と、同じような服を着た他人とを見分けるといわれる。ウマは両眼視の能力はやや落ちるが前・横・後を同じようによく見ることのできる全周視という利点をそなえている。実際にウマは頭を動かさずに真正面と真後ろとを同時に見ることができ、またこの視野全体にわたり動く物体に対して非常に敏感である。

ネズミやハツカネズミは、体に比べて大きく利口そうな眼をしているが、ひどい近視である。ゆっくりと、音を立てずにやりさえすれば、何の反応も起こさせずにネズミから数センチメートルの距離まで顔を近づけることが可能である。しかし、音が少しでもすると、たちまち反応する。齧歯類は主に夜間に活動し、日中の行動はうす暗い所に限られ、明るい場所にはほとんど出てこない。このため近視でも大して不利にはならない。

リスは眼を動かさないのでその顔の表情は活発さに欠けるところがある。しかしその眼はウマ以上に完全な全周視ができるので動かす必要がないのである。

最も鋭い視力の持主は猛鳥の仲間に見られる。ハヤブサは人間が八倍の倍率をもつ双眼鏡を使ってやっと認めることができる細部を識別できることが知られている。これが実用上どのような意味を持つかは、猛鳥より視力は劣るが観察の容易な小鳥を見て推しはかることができる。たとえば、小鳥を眺めていると、突然うずくまって頭を持ち上げる典型的な「タカ警報」反応を示すことがある。あたりを見まわして、やっと空に一つの点を認め得たとしても、それが何の鳥か、あるいは鳥以外の物体

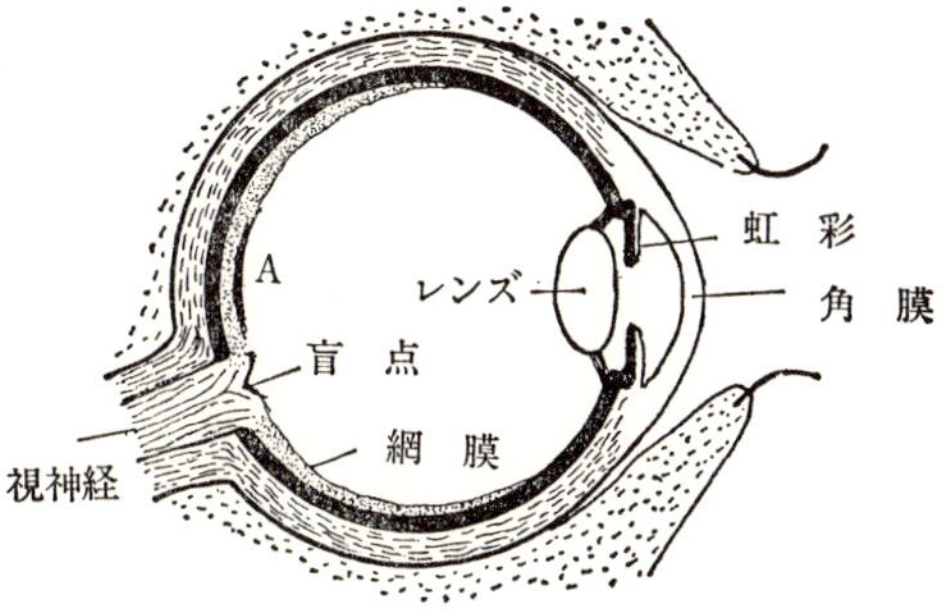

哺乳類の眼の代表例として人間の眼の断面図を示す。眼の構造は基本的にはカメラと同じ原理に基いているが，視神経および脳による情報処理を含めた視覚全体の働きはカメラとはまるで違っている。Aは最大の視力が得られる部分を示す。

なのかは全くわからない。小鳥はそれをわれわれより早く発見することができたばかりか、それがタカであることを、われわれに分るほど近くまで飛んで来ないうちに認めたのだ。昔から鷹匠たちはこのことを知っていて、訓練した鳥が視界から消え去った時のためにモズをかごに入れて携えていた。鷹匠はモズがうずくまり頭を持ち上げるようすを見て天の一角を凝視し、空の高みに点のように見える彼のハヤブサを探し出すことができたのである。

われわれは自分の視覚と比較することによってのみ動物の視覚を評価することができる。実験室の外では自らの視力が唯一の基準となる。だが、人間の眼について研究している人たちはみな、眼はわれわれがふだん思っているほど有能な器官ではないと考えている。人間よりも鋭い視覚を持っているのは鳥類だけではない。大部分の昆虫は速く動く物体を人間がするよりもずっとよく識別できる。事実、人間の視覚についての専門家たちは、われわれに物が正しく見えるのは想像力によって視覚の欠点を補っているからだと断言している。科学研究の非常に大きな部分が研究者の眼に頼って行なわれていることを思うと、これは深刻な問題である。想像力がいかに視覚を助けているかを示す一つの例に漫画がある。ここでは漫画家の描いたわずか二、三本の線が有名人の顔に見えたりするのである。

このようなことを調べるため、インスブルック大学のA・ハヨスは学生たちと何日も続けて歪曲レンズがはまった眼鏡をかけてみた。かけ始めてしばらくは直線が曲って見え、物の輪郭には色がにじみ、その位置も違って見えたし、頭を動かすと物体は奇妙な動きをするように見えた。しかし、一週間もすると物が正常に見えるようになってきた。想像力がゆがみを補正し始めたのである。そして、このようなことは実際には始終起こっているらしいのである。

脊椎動物の眼が動物の種類によって異っているのは、一つには網膜にある棒細胞（桿状体細胞）と円錐細胞（錐状体細胞）との比率に非常な違いがあるからである。棒細胞は細長い棒のような形をしており、円錐細胞はこれよりも太くて短かく片半分が円錐形をしている。棒細胞はいかなる光に対しても色の感覚を生じない。また特に夜行性動物の眼ではこれが全部または大部分を占めているのが特徴である。人間の網膜には両種の細胞がともに存在し、円錐細胞は主に網膜中心部のせまい部分（中心窩）に密集している。われわれがはっきりと見ることのできるのは中心窩にうつっている部分だけで、これは視野中央のせまい範囲にすぎない。これ以外の部分はすべてぼんやりとしか見えない周辺視覚の領域に属している。

ある物体の形がシャープに見えていると思うのも一種の錯覚である。眼球は少しの間も完全に静止していることはない。もし眼球が静止していたならば、テレビの画面を近くで見た時のような黒い縞が物体の上に縦横に見えるかも知れない。それは人間の眼の中心窩を構成している二百八十三個の単位は連続した感覚面を作らず、互いに分離しているからである。物の完全な像を見ることができるのは眼球が絶えず非常に小きざみに振れ動いているためで、これは映画のスクリーンに毎秒二十四枚ずつ断続的にうつされる写真が連続したもののように見えるのと似た錯覚なのである。

動物にどのくらい色がわかるかは、脊椎動物では棒細胞と円錐細胞とを調べればおよその見当がつく。類人猿、サル、鳥類、ほとんど

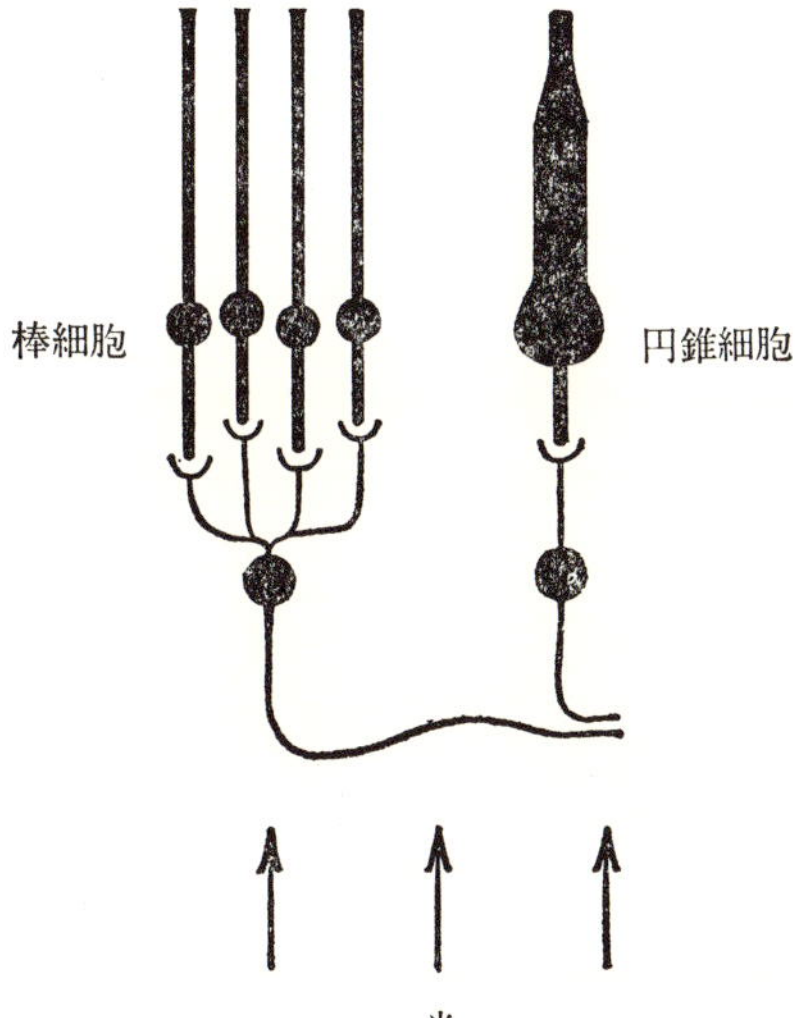

動物の種類によって，網膜に棒細胞だけしかないものと，棒細胞と円錐細胞とがあるものがある。円錐細胞は色彩視を可能にし，また1個の円錐細胞ごとに1本の神経繊維がある。棒細胞は小さな動きに特に敏感であるが，色彩視には役立たない。この図では4個の棒細胞に対して1本の神経繊維が来ている。

の爬虫類と魚類に、また無脊椎動物では昆虫に、色彩視が存在することがわかっている。ただし見える色のスペクトルは人間の場合と同じとは限らない。われわれになじみ深い動物でこれまで灰色の濃淡としてしか世界を見ることができないと言われていたものでも、イヌとネコにはかすかに色がわかること、また、ウマ、ヒツジ、ブタ、リスには二、三の色が見えることが今では知られている。キリンもいくらか色がわかるが、緑と橙と黄とを混同してしまう。

網膜には棒細胞と円錐細胞、それにおびただしい数の神経細胞がある。人間の眼にはそれぞれ一億三千万個の視細胞があって、入って来た光を受け取る。網膜で光は感光色素に吸収され、電気的エネルギーに変換される。このエネルギーの大きさは眼に入る光の量に応じて変化する。しかし、網膜の働きは単に光を電気活動に変換し、これを視神経の百万本の神経繊維によって脳に伝えるだけではない。それは眼に入る光が強いほど脳に多くのインパルスが到達するというような単純なものではないのである。

情報処理の相当な部分が網膜それ自体の内部で行なわれているのである。網膜には表面に対して垂直な方向を向いた神経細胞が三つの主要な層をなし、その間に二層の水平方向にのびた神経細胞がある。そしてこれらすべてが非常に複雑なネットワークを構成している。水平方向にのびた神経細胞は、枝分かれした突起の先端で近くの細胞と互いに連絡し合っている。このような連絡部では、ある種の化学作用によって細胞から細胞への信号の伝達が可能である。それぞれの細胞の枝には興奮性の伝達を行なうものと抑制性のものとがある。われわれが討論でことを決める場合に、ある人々は行動を主張し、他の人々は何もしないことを主張する結果、最後には両者の中間の結論に達することがあるように、興奮性の細胞と抑制性の細胞とが言い争って、どの情報をさらに先へ送り、どの情報を遅らせるべきかを決めるのである。

このようなミクロのレベルでは、専門家にしか理解できないような言葉を使わない限り、これ以上正確に説明することは難かしい。しかし一つの簡単な例が理解を助けるかも知れない。動く対象を見ている時、人間の眼は標的に先行して動かなければならない。これはちょうどハンターが飛ぶ鳥や走るウサギの少し前方をライフルでねらうのと同じである。眼からの通信を脳に伝えていたのでは時間がかかりすぎる。網膜の細胞が反応するのに三十ミリ秒（一ミリ秒は千分の一秒）、信号が脳に達するのに五ミリ秒、物体の像を組み立てるのに必要な情報を脳が選び出すのに百ミリ秒かかるので、その頃には物体の位置は変わってしまうことになる。そこで網膜はこの情報を選び出す操作を自分で行なうのである。

いま一つ、すべての動物の眼はその持主に外界のようすを写真のような像として見せているという誤った考え方も正しておく必要がある。すべての動物どころか脊椎動物全体についてさえ、このことはあてはまらないのである。カエルの網膜は人間のものよりも効率が高いとも言えるが、その視覚能力はきびしく制約されている。カエルの眼にはただ四種類のものが、一様な暗い背景の上に見えるだけなのだ。すなわち、カエルの眼は真っすぐな縁、前面が凸になった運動体、コントラストの変化、背景の急激な暗化の四つにしか感じない。凸になった運動体は昆虫の前端のふつうの形をあらわし、食物を意味している。だがカエルはすべての方向への運動に感じるのではなく、自分に向かって来る運動、すなわち昆虫を捕えようとして射出される舌がとどく範囲にやって来る物体にだけ反応するのである。コントラストの変化だけを感じることには、草の葉が揺れたりすることには気をとられないですむ利点がある。背景の急な暗化に感じることは、たとえばサギなどの鳥がカエルをとろうとして飛来したり、カエルに向かって動いたりする場合に役に立つ。

第九章に出て来たヒキガエルがミミズとヤマカガシの子を見分けられなかったわけも以上のことから説明できる。

カエルの眼は色に対しても反応するがその程度は低い。驚いた時、カエルは青い色に引きつけられる。青は普通は水をあらわしている。しかし青い紙を前に置いてもカエルは同じように飛びつく。青に対する誘引が強まるのと平行して緑が忌避されるようになる。これによってカエルは草むらから水の中に飛び込むのである。

カエルの網膜と同じく、ハトやウサギの網膜もサルや人間のものより複雑な構成を示している。これはカエルなどではより多くの情報処理が網膜で行なわれるのに対して、サルや人間の場合にはより多くの情報が大脳に送られ、そこで処理されるという事実により説明される。

このことを理解するには脊椎動物の眼がどのようにして出来てくるかを知る必要がある。初期の胚では脊髄は胚の体の全長にそって走る中空の管の形をしている。その前端部は他の部分よりも成長が速くなり、ふくらんで、将来脳になる土台をつくる。この部分から左右に、ちょうどブランデーのグラスのような、柄のついた盃形の突起が出る。一方、胚の皮膚からは円板状の組織が内部に落ち込んで「ブランデー・グラス」の口にはまり、レンズとなる。この「ブランデー・グラス」から出来てくる網膜はすなわち脳の一部であり、その構造は脳の皮質に非常に似かよっている。そこで、カエル、ハト、ウサギなどでは「思考」の一部は網膜という名の脳の出先機関で行なわれるのに対し、サルや人間では脳がより大きく、より高度に組織されているため、多くの仕事を受け持つことができ、従って網膜はカエルなどよりは単純な組織でもよいのである。

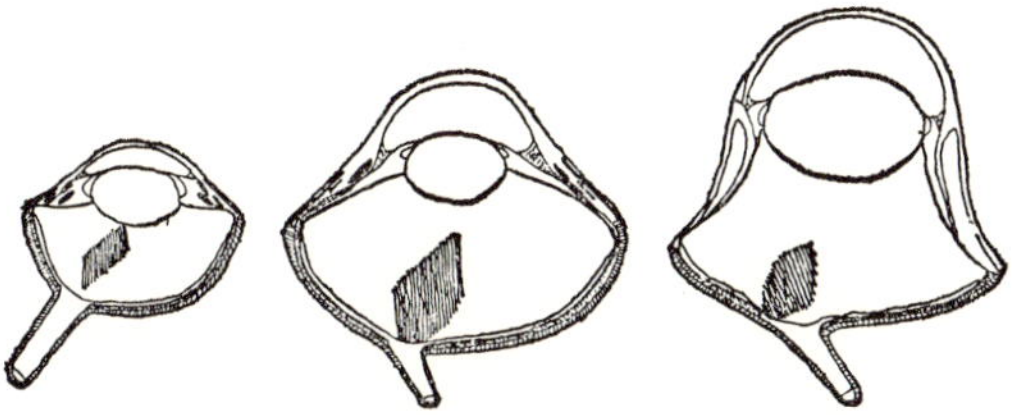

典型的な鳥類の眼。（左から）ハクチョウ，ワシ，オウムの眼の断面を示す。形の違いに注意せよ。鳥の眼には角膜，レンズ，網膜の他に，目立った特徴として血管が豊富な「くし膜」があり，おそらく眼球全体に栄養を供給する役をしている。

われわれは動物の眼について語るとき、すべての眼について完全に知ってでもいるかのように話しがちであるが、百万種以上ある動物の中で、眼もしくは視覚について完全に調べられている動物はただの一種類もない。それどころか、多少なりとも詳しく調べられたことのある動物は二十種足らずなのである。生物学科の学生なら誰でも知っているように、カエル、ハト、ウサギは実験動物としてなじみ深いものであり、このためによく調べられているのである。また、サルと人間とは高度な研究のために用いられている。

鳥類の眼も、少くとも全体的な構造に関してはかなりよく研究されており、これによってわれわれは最も発達した眼の持主は鳥類であると断言できる。トカゲの中にも鳥類に匹敵する眼を持つものがある。鳥類の眼は、扁平型、球型、管型の三つに分けることができる。扁平型の眼は大部分の鳥に見られるもので、通常型と呼んでも差支えない。球型のものはワシのような猛鳥に、管型のものはフクロウのような夜行性猛鳥にみられるものである。

すべての鳥の眼にみられる変った特徴はくし膜と呼ばれる構造である。これは眼の後ろに附着し、眼房の中にたれ下ったくしの歯状の突起で、普通はひだがあり、血管に富んでいる。くし膜が最も小さいのはフクロウ、反対に最も大きいのはワシ、タカの類である。その機能は単に血管の無い網膜に栄養を与えることであると思われる。しかし、鳥の網膜は厚く、また相互の連絡が多いという点で人間のものよりもすぐれている。

ワシ、タカ、それにフクロウの眼は非常に大きい。ある種類のものでは眼が頭にやっとおさまるほど大きく、左右の眼は間に薄い隔壁があるだけでほとんど触れ合っているが、外からは普通の鳥の眼と変りない大きさに見える。このため、眼球を動かす筋肉の入るべき場所がほとんど無く、タカでは眼球は水平にしか動かせない。管型の眼を持つフクロウの場合には眼は眼窩に完全にいっぱいになっており、動かすことができない。このためフクロウはくびをねじって頭をまわす必要があるが、フクロウのくびは左右それぞれ百八十度にわたって回転できるのである。

ワシやタカの球型の眼はすぐれた解像力を持っている。そのレンズは扁平で、眼の構造上、通常よりも網膜から離れているため網膜上に大きな像を結ぶ。つまり一種の望遠レンズである。網膜には全面にわたって棒細胞より円錐細胞の方が多く、また中心部に円錐細胞がぎっしりとつまった部分（中心窩）があり、この部分の円錐細胞からは各一本の神経繊維が出て視神経に入っている。このことはおのおの円錐細胞が脳に向けて独自の信号を送ることができ、細部の識別を可能にしていることを意味している。

飛びながら昆虫を捕える鳥も昼行性の猛鳥と同じ球型の眼を持っている。また、カラス科の鳥やハチドリの眼もこの型に属する。カラス科では、飼い慣らされた一羽のカケスが実演を見せてくれた。この鳥は二メートル離れた所にいる昆虫を飛んで行って捕えたが、くちばしの先にくわえて帰って来

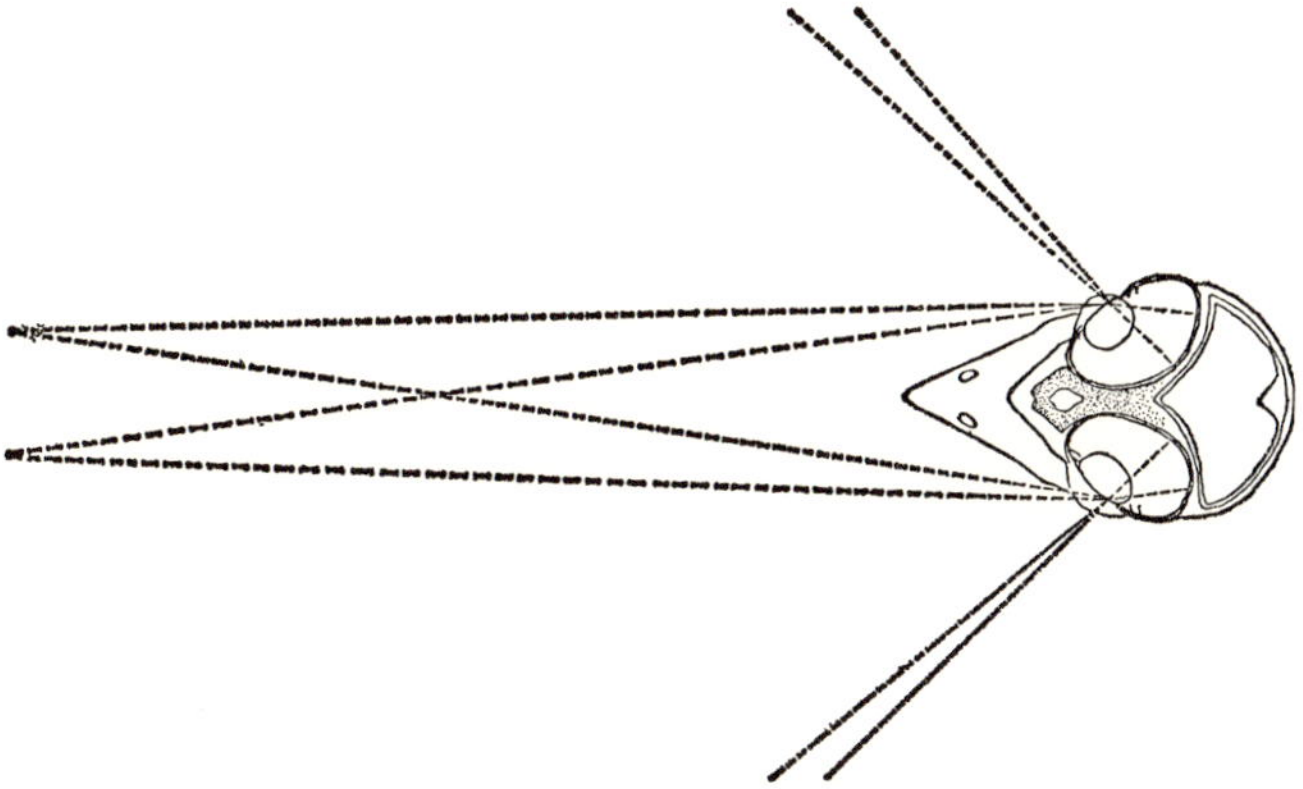

鳥が特によく見ることのできる視野を示す説明図（頭蓋骨とくちばしは断面で示してある)。中心窩が１個の場合には両側に点線で示した範囲が特によく見える。ツバメなどのように第２の中心窩がある鳥では破線で示したように，前方の両眼視が可能である。

た虫は小さすぎて人間の眼にはよく見えない程だった。

ツバメやアマツバメなど、ある種の鳥ではおのおのの眼に中心窩がもう一つずつあり、これを使って両眼視を行なっている。これらの鳥は小昆虫を追って飛んでいる時には両眼の焦点をえものに合わせ、高速で飛びながら正確に距離を測る。ある時アマツバメがチョウに追いつくのが目撃されたが、鳥が飛び去った後、チョウはひらひらと地面に舞い下りた。ところが地上に横たわったチョウを見ると頭も胴もなくなっていたのである。アマツバメが高速で飛んでいたにもかかわらず、あまりにも正確に、そしてあざやかに胴体を食い取ったため、チョウの翅はあたかもまだ胴体についているかのようにきれいに揃って落ちて来たのだった。

このような離れ業は明るい日中でなければ行ない得ないから、ほとんどの昼行性鳥類は夕方はかなり早くねぐらにつく。しかしこの点に関しては鳥による差が大きく、真暗になる頃まで活動を続ける鳥もある。アマツバメは日没後も狩りを続け、しばしばアブラコウモリと行動をともにしている。クロウタドリの雄はほとんど真暗になるまで歌い続けるし、われわれの眼には飛んでいる鳥の姿が空にすかしてやっと見分けられるほど暗い時に、単独でフクロウに襲いかかることも知られている。

夕暮れに庭いじりを続けている時には眼にはっきりと見える雑草でも、明るい部屋から出て来たばかりの時には眼が薄暗い光に慣れるまでの十分間ほどは見ることができない。ハトは弱い光に順応するのに一時間もかかる。一方、おんどりは白昼では人間の十分の一の視力しかないが、夜明け前に空がわずかに白みはじめると、他のほとんどの鳥たちが動き出さないうちに活動をはじめ、大きな声で鳴く。

しかし、最も夜目が効く鳥は管型の眼を持つフクロウである。その秘密は眼の構造が可能なかぎり多くの光を受けいれるようになっていることにあり、眼はそれ自体大きく、角膜もレンズも大きい。また、角膜の形を変えるための筋肉が特別にそなわっており、さらに両眼視が距離の判定に役立っている。

水鳥には空気中と水中との両方で物を見る必要があるという独特の難問がある。水中では角膜による焦点合わせの効果が失なわれるので、より大きな能力がレンズに要求される。ウ、アビ、ウミスズメ、ハジロなどの海鳥ではレンズが軟かく、必要に応じて西洋梨形に変形される。また、ウのレンズは人間のものにくらべ焦点を変える能力が五倍も大きい。しかしペンギンにはこのような能力はなく、その眼は水中でよく見えるようには適応しているが、空気中では近視である。アジサシは水に潜って

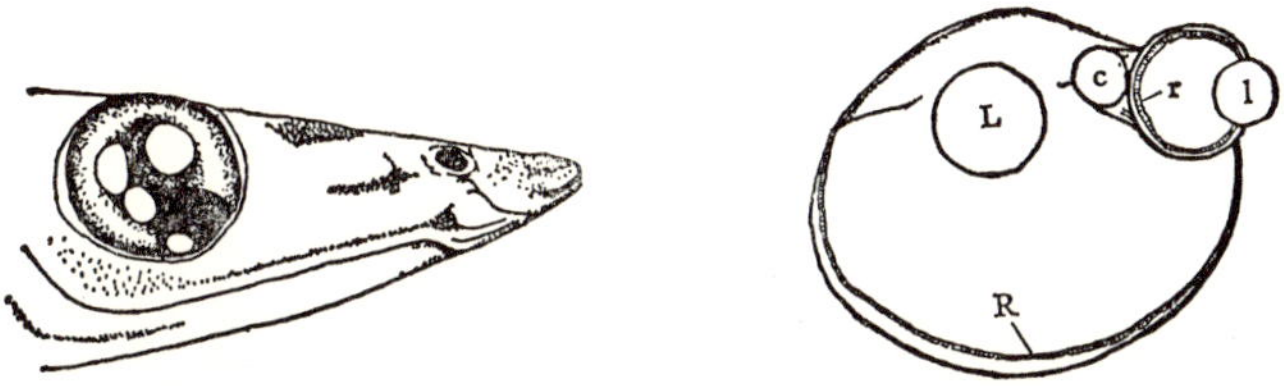

中南米のヨツメウオのほかにも4個の眼を持った魚が知られている。これは深海魚の一種で（頭部を左に，眼を右に示す），100メートルから1000メートルの深海にすんでいる。主眼のほかに副眼があって，おそらく視力を増すとともに全周視に役立っている。

LとRは主眼のレンズと網膜，lとrは副眼のレンズと網膜を示す。C＝角膜体（おそらく光を屈折させて主眼に導く役をする）。

魚をめくら打ちにする。これはシロカツオドリも同じである。カワセミは水中でも空気中と同様に見ることができるが、この理由はわかっていない。

陸にすむ動物は――水中に長時間潜って過すものも含めて――レンズの形を変えることにより遠近の調節を行なっている。これに対して魚ではレンズの位置を変えることで遠近の調節が行なわれる。レンズを網膜に近づけたり、網膜から遠ざけたりするためには特別の筋肉がそなわっている。このことを除けば、魚の眼の働きは人間の眼の場合と大体同じである。ただし魚には両眼視の能力はない。しかし、他の脊椎動物ではほとんど知られていない変った眼が魚ではみられる。中南米にいるヨツメウオという魚の両眼は頭の上に突き出ており、それぞれ黒い水平の線によって上下に分かれている。上半分は下半分と構造が異なり、空気中で物を見るのに用いられ、下半分は水中で物を見るのに用いられる。ヨツメウオは群をなして水面直下を泳いでいるが、眼の上半分だけを水面上に出しているので、水面をかすめて飛ぶ昆虫を見ると同時に水中でも食物が接近するのを見張っていることができる。昆虫ではミズスマシがこれと似た働きをする眼を持っている。

外洋性の魚には望遠鏡式の眼を持つものがある。これは円筒形の突出した眼で、大きな球形のレンズがあり、丸味のある角膜でおおわれている。魚によってこの眼が前方に向いているものと上を向いているものとがある。また、レンズの真下にあたる管壁に、遠方の物体の像を結ぶための小さな補助網膜があり、主網膜には近くの物体の像が結ばれるようになっているものもある。光がほとんど届かない薄明帯にすむ深海魚の眼には一般に非常に大きなレンズがあり、また瞳孔が大きく、網膜には棒細胞だけがあって非常に感度が高い。実際、このような魚の眼はフクロウの眼にとてもよく似ている。

夜などに、わずかな光を利用するためのもう一つのしくみに反射層がある。これは網膜のうしろにある銀色に光る結晶の層で、動物の眼が暗い所で輝くのはこのためである。通常の眼では入って来た光のうちかなりの部分は棒細胞と円錐細胞との間を通り抜けて網膜の後ろの組織に吸収されてしまう。反射層はこのような光をはね返し、もう一度網膜の視細胞に当てるチャンスを作る。たとえばネコの眼は同じ光をわれわれの眼より五十パーセントも多く利用できるので、ネコは暗い所ではわれわれの六倍もよく物を見ることができる。しかし、反射層を用いると、光が網膜を二度横切るため像がぼけるという欠点もある。

これまでは主に哺乳類、鳥類、魚類について述べた。動物界を下等な方から見て行くと、眼が進化したと思われる道すじをたどることができる。最も簡単なものは単細胞動物（原生動物）に見られるもので、光に感じる色素の点にすぎない。原生動物が光に引き寄せられるのはこのような「眼」による。次の段階は色素の点の上に簡単なレンズができて光をこの色素の上に集めるもので、下等な動物ではせいぜいこの程度の原始的な眼があるだけである。

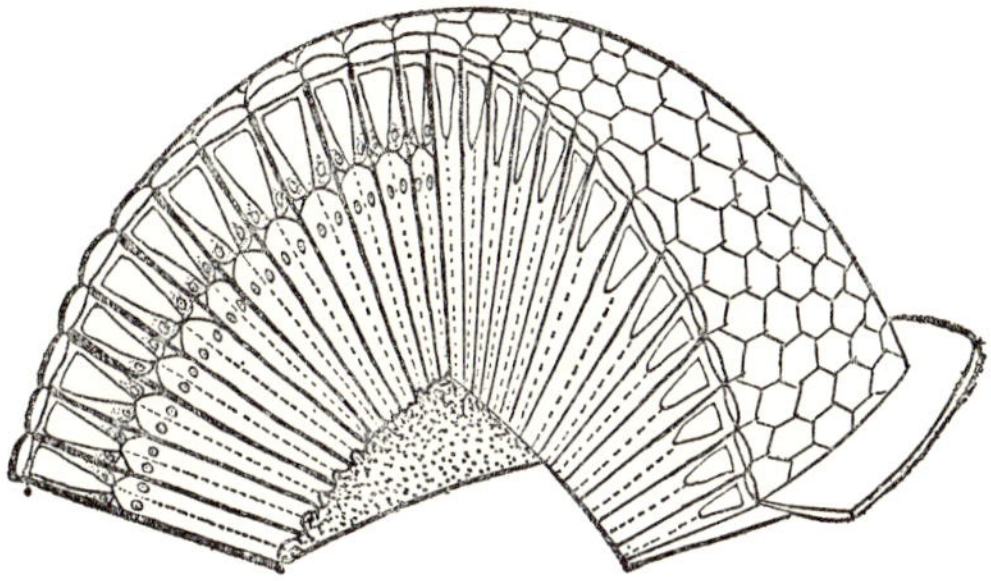

多数の個眼からできた複眼の部分断面図。個眼の角膜レンズは表面からはハチの巣状に見える。おのおのの個眼には外側から順に，角膜レンズ，円錐晶体，個眼の中軸を走る感桿(点線で示す)などがあり，その内側の端は脳とつながる神経繊維に接している。

白色光で急に照らすと敏感に反応するミミズの光受容器は、体の全面に散らばっている。この受容器にはレンズも網膜も、その他何の附属物もない。ミミズはこれによって光と闇とを区別し、また光の明るさの見当をつけることができるだけである。穴から体を出しているミミズの上に影が落ちると、ミミズは穴に引っ込む。ミミズにとって、これは鳥に対する唯一の自衛手段であるが、非常に効果的なものとは言えない。ウニの一種であるガンガゼの皮膚にも同じような光受容器のあることが知られている。このウニには長くて鋭いとげがあり、その付け根はボール・ジョイント式の関節によって殼につながっている。ガンガゼに影があたると、とげは動いて影のもと——攻撃してくる敵かも知れない——に向けられる。

進化の階段をもう少し登ると、視覚器官は単眼とも呼ばれる単純な眼に発達する。軟体動物などのある種のものでは、このような眼が体のあちこちにいくつもある場合がある。特にきわだっているのはホタテガイで、体の外縁に宝石のような単眼が一列に並んでいるのが殻を開いている時には見ることができる。多くの昆虫では次に述べる複眼のほかに単眼がある。ミツバチは単眼を光度計として用いていることが知られている。蜜集めに出かけるハチは、表が花を見るのに十分な明るさになるまでは巣を出るべきではないし、暗くなるまでに戻れないほどおそい時刻にも出かけて行くべきではない。単眼はこの点について適切な情報を与えるのである。

チョウやガの幼虫には成虫のような複眼はなく、頭の左右にそれぞれ六個の単眼が一列に並んでいるだけである。おのおのの単眼はレンズの下に棒細胞が一個あるだけの構造をしている。木の葉を食べる毛虫は木を見なければならない。毛虫は単眼を使って走査するので、頭をさまざまな方向に動かして暗い物体の形を推定することができる。間違えて人間の足をよじ登って来たりするように、毛虫はミスをすることがあるが、普通は自分が歩いて行ける範囲で最もよく茂った最も高い樹木を見分けることができる。それればかりか十二個ある眼のうち十一個を黒く塗りつぶしても、この能力は失われない。

複眼は高等な無脊椎動物、特に昆虫にみられるもので、個眼と呼ばれる基本的には単眼に似ているがさらに精巧な単位が多数集合したものである。タコやイカの眼は例外で、われわれの眼によく似た形をしている。しかし働きの点ではむしろカエルの眼に似ている。

複眼を構成する多数の個眼は一つ一つが完成された眼といってよく、普通は隣接する個眼との間は不透明な色素層で仕切られている。それぞれの個眼には透明なクチクラでできた角膜とレンズがあり、光を七個ないし八個の視細胞（網膜細胞）が集まってできた感光層（小網膜）に結像させる。視細胞からは脳に神経が連絡している。各視細胞の内面には光を導く棒（感桿分体）が通っている。

昆虫の複眼の表面はハチの巣のように見える。トンボの例では左右の複眼はそれぞれ二万八千個の個眼から成り立っている。このような眼で物を見るしくみを解き明かそうとして行なわれた初期の試みの中には、表面のクチクラを多数の個眼のレンズごと引きはがし、それを通して写真の撮影を行なったものがあるが、それによるとすべての個眼がそれぞれ同じ被写体の像を結ぶという結果が得られた。次に考えられたのは、昆虫は物体の像を、われわれがダイヤモンド形のガラスを組み合わせて作った窓を透して見た時のように、各個眼に入る光の量に応じ明るさの異なる点が集まってできたモザイクとして見るということだった。これは、物の動きに対する昆虫の敏感さについての観察結果とよく一致する考えのように思われた。個眼の数が非常に多いトンボは十三メートル先の動きを見分けるのに対して、個眼の数が少ない働きアリは近くで物が動いても気づかないように見える。上記の考えでは、これはダイヤモンド模様の窓の外をゆっくりと人が動いている状態にたとえられる。少数の大きなダイヤモンドを組み合わせた窓ではほとんど動きが分らないが、多数の小さなダイヤモンドを組み合わせた窓ならば、かなり遠方の人物の動きも個々のガラスの明るさを次々に変えるので容易に認められるであろう。

この難かしい説は、微小電極を使って一個の個眼からの神経インパルスを記録した実験によってくつがえされてしまった。それぞれの個眼はそれまで考えられていたより十倍も広い角度からの光を受取っていること、すなわち複眼はそれまで可能だと思われていたより以上のものを見ていることが分ったのである。しかし、複眼の働きについてそれまで受け入れられていた説が成り立たないことが証明されたにもかかわらず、とって代るべき新しい学説はまだ出されていない。ただ、複眼による視覚の機構はかつて考えられていたよりもはるかに複雑であり、脊椎動物の網膜におけるのと同様に込み入った神経回路を含んでいることが今では明らかになっている。

われわれが直接に見ることのできるある種の昆虫の行動も、この微小電極による発見を支持している。狩猟バチの類は小さい昆虫であるが、他の昆虫を刺して麻痺させ、自分たちの巣に貯蔵して幼虫たちの餌にする。彼らはそれぞれの種類ごとにある一種類のえものを本能的に好む。こうしたえものとなることの多いのはクモ、甲虫類、ハエ、ハチなどである。狩猟バチがえものを見分けるのはその大まかな特徴によっているのだろうという考えは、次に述べるハナアブ科の昆虫を狩るハチの行動によって否定される。このハナアブ科の昆虫の体にはハチのような黄と黒の縞がある。ハチに似ていることは有利だと常に言われる。人間はこの二種類の昆虫を見誤ることがあるが、狩猟バチはハナアブ科の昆虫だけを殺しハチには手を出さない。狩猟バチがえものを見分けるのに何か別の感覚を用いているのでない限り、その視力は以前に考えられていたよりもはるかにすぐれているに違いない。このことは実験室での研究結果からも確かなことのように思われる。

昆虫は色を見分けることもできる。ミツバチの言葉を発見したことで有名なK・フォン・フリッシュはミツバチの色に対する反応についても研究している。彼は青い紙の上に置いた容器から砂糖水を飲むようにミツバチを訓練した。ミツバチがこれに慣れたとき、彼は青い紙だけを置いてみたが、ミツバチはやはりそこにやって来た。いろいろな濃さの灰色の紙を青い紙のまわりに並べて置いてもミツバチは依然として青い紙を選んだ。

このような学習実験によって、フォン・フリッシュはミツバチが紫外線から黄までの六つの色を区別できることを示した。この色のスペクトルはわれわれの眼に見えるものと同じではない。ミツバチには赤は見えないし、われわれには紫外線は見えない。ケシの花はわれわれには赤く見える。しかし

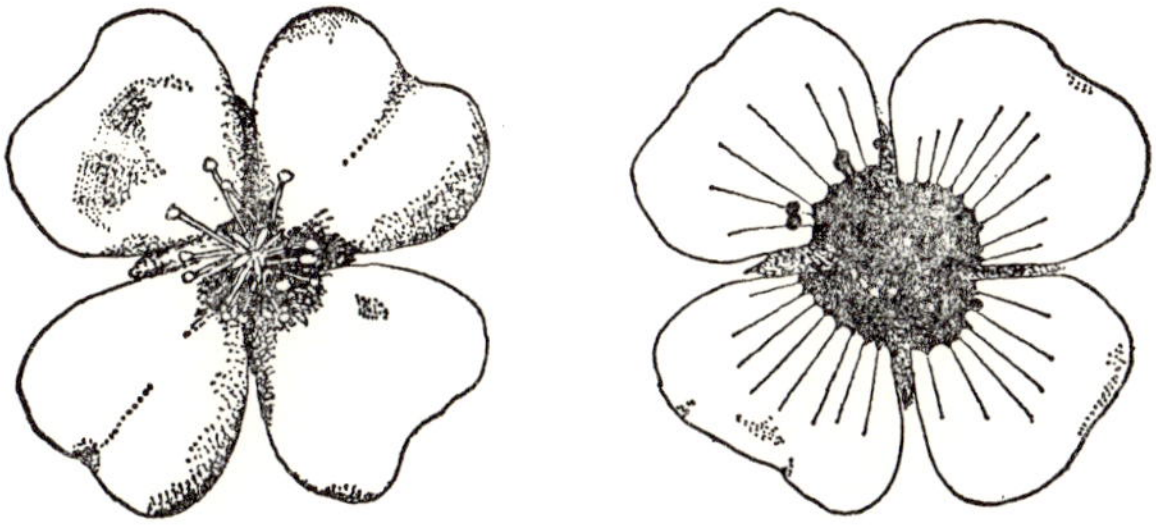

ミツバチの眼とわれわれの眼とではスペクトルの見える範囲が異なる。このためミツバチには花の色がわれわれが見るのとは違って見える。図は，われわれに見えるポテンチラの花(左)と，ミツバチが見た同じ花(右)とを示している。ミツバチに見える線と暗い部分のパターンにはミツバチを蜜腺に誘導する効果がある。紫外線を使って撮影したポテンチラの花も同じ効果を示す。

同時に、われわれには見えないがミツバチには見える紫外線を反射するので、ミツバチにとってはいわば紫がかった色に見える。ミツバチには黒く見える他の花にも、花弁に紫外線を反射する線やその他のしるしがあって、ミツバチを蜜腺に導く役をしている。このようなしるしは蜜標（ハニーガイド）と呼ばれる。

人の眼には同じ黄色に見える花も、ミツバチにはそれが反射する紫外線の量に従って違った色に見える。カラシナやアブラナの類の花はわれわれにはすべて黄色く見えるが、ミツバチにとってはそれぞれが黄と紫、あるいは赤ほどにも違って見える。ふつうのヒナギクは花弁の先端だけが紫外線を反射するので光の輪のように見える。

赤い色が見える昆虫も少しはある。ヒメヒオドシの類がその一つで紫外線を反射しない赤い花だけから蜜を吸う。またハチは黒と赤を見分けられないが、ホタルは緑から真紅までの光に反応する。

昆虫の色彩視に関する研究の大部分は、はじめフォン・フリッシュによって用いられたような学習実験に基づいている。時にはこのような実験が役に立たない場合もある。モンシロチョウの雌は、産卵しようとする時に前足で葉の表面を叩く。さまざまな色の紙を提示すると、葉の色と同じ緑や青緑の紙を叩く。しかし吻による摂食運動は花の色である赤、黄、青、紫の紙に対して示される。もし砂糖水を用いる実験しか行なわれなかったならば、モンシロチョウには緑色が識別できないという誤った結論が得られていたかも知れないのである。

F・E・ルッツは黒地に白で「この場所でのミツバチの食事を許可す」、「この場所でのミツバチの食事を禁ず」という二つの掲示を書いておいた。ミツバチにはこの字が読めたらしく、掲示に従って行動した。実はルッツは第一の掲示は紫外線を出す白い塗料で、また第二の掲示は紫外線を出さない白い塗料で書いておいたのである。

ヤママユガ科に属するトロペアというガは雌雄ともわれわれには緑色に見え、葉にとまっている時には敵の目につきにくい。しかし彼らには自分たちの体が反射する紫外線が見えるので、緑色の背景の中でもお互いの姿をはっきりと認めることができる。ローラス・J・ミルンとマージェリー・ミルンによれば、雄には雌がブロンドに、また雌には雄がブルーネットに見えるという。

第十二章　天測航法
――太陽と星を利用して――

蜜源を発見したミツバチは間もなく、巣にいる他の働きバチたちにその場所を教えるということを養蜂家たちは昔から知っていた。実際にミツバチが花の蜜や花粉のありかについて仲間と話すことが確認されたのは一九四六年のことである。

この年、ミツバチの色覚に関する発見ですでに名を知られていたカール・フォン・フリッシュがミツバチの言葉について彼が行なった発見を発表したのである。その数年前から彼は、食物を集めて戻ってきたミツバチが巣板の上で彼が円形ダンスおよび尻振りダンスと呼ぶ二種類のダンスのいずれかを行なうことに気づいていた。彼は円形ダンスはおどり手に接触した他のミツバチに蜜源が発見されたことを告げるものであり、尻振りダンスは花粉のあり場所を教えるものであると考えていた。

しかしいまや彼はこれらのダンスには、これよりもずっと多くの意味があることを発見したのである。円形ダンスは蜜あるいは花粉が巣から五十メートル以内の所で発見されたことを示し、尻振りダンスはそれが百メートル以上遠くで発見されたことを意味している。中間にある距離は一つのダンスから他のダンスへの段階的な移行によって示される。

円形ダンスというのはミツバチが同じ場所で、はじめ一方向に円を描いて回り、次に逆方向に回るものである。尻振りダンスはまず右に半円を描いてから出発点に戻り、つぎに左に同様な半円を描く

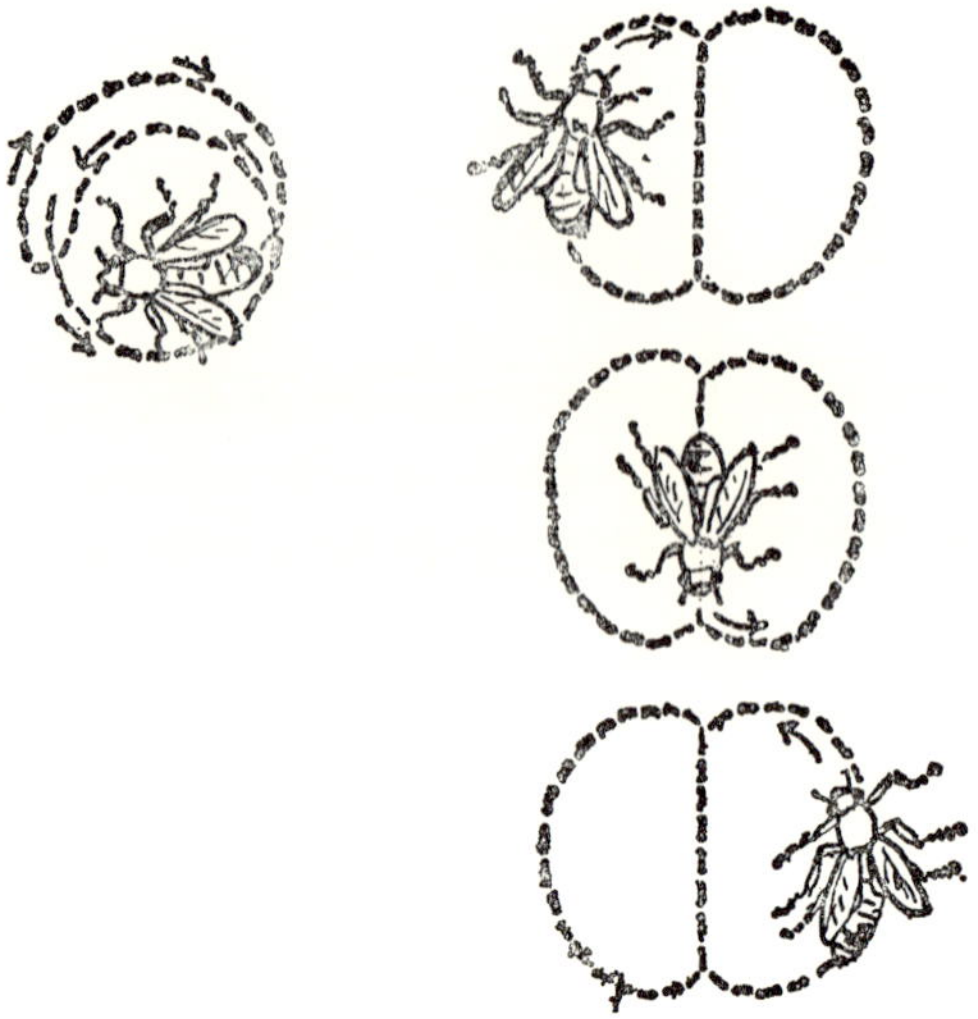

ミツバチの言葉の発見は天測航法という広大な分野への突破口となった。図は円形ダンス(左)と尻振りダンス(右)を示す。観察用巣箱ではダンスをおどっているミツバチの周囲に，メッセージを受け取ろうとする他の働きバチたちがひしめき合っている。

というように8の字形に動くもので、この間、腹は絶えず左右にゆっくりと振られている。

フォン・フリッシュはこのような距離指示法を、皿に入れた砂糖水を飲むミツバチの行動を観察して発見したのだった。彼はこの皿を少しずつ遠くへ動かし、しまいには巣箱から一・三五キロメートル離れた所まで持って行った。そして、ミツバチが戻らなければならない距離が長くなるほど巣に帰った時に腹部を振る動きがゆっくりとなることが分った時、彼は発見の驚きと喜びとを味わったのだった。このことから彼はミツバチはダンス中に尻を振る回数によって巣から特定の食物源までの距離をかなり正確に仲間に伝えることができると推論したのである。

しかし、さらに驚嘆すべきことがあった。巣に戻ったミツバチは仲間に飛んで行くべき方角をも教えていたのである。このためにはダンスの中で8の字の真中にある直線進行部分が重要である。もし垂直な面の上でダンスしているミツバチが8の字の中央の帯を描く時に真上に向かって進んだならば、それは蜜あるいは花粉が太陽と同じ方向にあると教えているのである。もし真下に向かって進んだならば太陽と反対の方向を指示している。ある角度だけ垂直線から右側に傾いて進む時には、他のミツバチは太陽の方角から右に、これと同じ角度をとって食物を探さなければならない……という具合である。ミツバチは頭上の太陽の動きに合わせて絶えず垂直線に対する進行角度を変えている。たとえば、フォン・フリッシュの学生の一人がある時一匹のミツバチのダンスを継続して観察したところ、ダンスは八十四分間続き、その間にダンスの主軸方向は徐々に三十三度変化したが、この時、太陽の方位角の変化は三十四度であった。

他のミツバチたちはおどり手の周囲にひしめき合って情報を受け取る。彼らはおどり手に体と触角とを触れ続けている。

ダンスをするミツバチが実際に利用しているのは太陽よりも空からの偏光（通常の光があらゆる方向に振動する波であるのに対して一つの平面内で振動しながら進行する光の波）であることが分った。これは太陽が雲にかくれていても、わずかな青空さえ出ていれば可能である。偏光が利用できないのは空が完全に曇った時に限られる。

フォン・フリッシュはその研究の初期に、垂直面でなく水平面の上ではミツバチはどのように振舞うかを調べてみた。その結果、ミツバチは同じダンスを行なうが、この場合ダンスによって示される方向は正確に食物源のある方向と一致することが分った。さらに驚くべきことに、もしミツバチが垂直な巣板の上にいる時にこの巣板をゆっくりと動かして水平にすると、ミツバチによる情報伝達の方法もそれにともなって変化した。どの瞬間をとっても、ダンスの意味が他のミツバチはもちろん、フォン・フリッシュにとってさえあいまいになることは決してなかった。

続いて、ダンスそのものよりも一層驚嘆すべきことが明らかにされた。あちこちと偵察飛行をした後で、普通ならば道に迷ってどうしようもなくなるところを、ミツバチは向きを変えるが早いか巣を目指してまっすぐに飛んで帰ることができるのである。ミツバチの脳は、コンピューターのように、すべての曲折を太陽の位置に関連させて記憶し、また、それぞれの方向に飛んだ時間、さらに太陽の動きまでを計算に入れる。適当な時になるとその小さな脳から正しく巣に帰るための解答が出されるのである。

これは、われわれの日常経験に翻訳してみればもっとはっきりする。われわれは時計を使っているから、一年のうちのある特定の日には太陽は午前六時に出て、正午に最も高くなり、午後六時に沈むというようなことを知っている。日中はいつでも太陽の位置を見て時刻を推定することができる。散歩に出る時には腕時計を見ながら、右や左に曲った時刻とその前に時刻をメモした場所からの距離とに着目して、時間と散歩の各部分の行程とを記録することができる。これを全部紙に書いておけば、散歩の終りにはそれまでの全経過が記録されたことになり、これから太陽を手がかりにして帰路を決めることが容易にできるであろう。われわれの知る限りではミツバチは太陽を利用してこれと同じことを紙も鉛筆も腕時計もなしにやってのけるのである。

ミツバチについてのこの素晴らしい発見が一九四六年に公表された後で、いくつかの限定条件を導入する必要が生じてきた。たとえば、ダンスの恩恵を受けるのは経験の浅い働きバチであると今では考えられるようになった。「古手」のハチたちは他の方法で食物源への道を知ることができる。このような方法の中には、以前そこへ行ったことがあるために花から帰ってきたハチのにおいをかぐだけでどこへ行けばよいかが分るというようなことも含まれる。

一つの発見が、ある種類の動物について行なわれるとまもなく、他の研究者たちが別の動物にも同じことがあるのに気づいたり、積極的にそれを調べたりするのは必然的な成行きである。一九四六年以後、ミツバチの他にも空からの偏光を利用して進路を定める動物はいろいろと存在することが知られた。このような動物としては、すべての昆虫と、昆虫ほど複雑な眼を持たない甲殻類のいくつかのものがあげられる。甲殻類による偏光の利用は、その眼の発達程度を反映して、昆虫の場合ほど洗練されたものではない。

偏光を利用している甲殻類のよい例はハマトビムシである。これは、砂浜に打ち上げられ腐りかけている海草を引っかき回すと四方八方に向けて跳びはねる小さなエビに似た動物である。砂が乾くとハマトビムシは海に向かって移動するが、決して方向を間違えることはない。この場合、水あるいは水平線を見ることや、湿度、味、においなどが手掛りになってもよさそうである。しかし、事実はハマトビムシはこれらのいずれでもなく、空の偏光のパターンを利用しているのである。

これをテストするため、L・パルディとF・パピとはイタリアの東海岸にあるリミーニのハマトビムシを西海岸のゴンボに持って行った。浜辺にハマトビムシを放すと、海の方へ行くかわりに、東海岸で偏光のパターンと結びついて生じた習慣に従って、内陸の方へ向かって跳ねて行ったのだった。

このような偏光の利用は、われわれにとっては（無意識のうちに利用してでもいない限り）全く経験外のことなので、容易には理解できないものである。それは動物の第六感であるとさえ言われたことがある。

直射日光以外の昼光は大気中の粒子により反射された光として地上に達する。直射日光はすべての方向に一様に振動しているが、その光の振動面が一つに限定されると偏光となる。空からくる青い光は部分的に偏光となっている。偏光の割合は太陽に近づくと減少し、また太陽から反対側に遠ざかっても減少するので、その中間に偏光が極大となるような輪または「赤道」ができる。

このパターンは、われわれの眼には偏光板を通して見ない限り見えない。昆虫には、たとえ空が曇っていても、ほんの一部分だけ青空がのぞいていればこのパターンが見える。このパターンは太陽の位置によって決まるのだが、ミツバチは相当に厚い雲でも通過する紫外線を見ることができるので、雲を通して太陽の位置を知ることもできる。このことによって彼らはおそらく二重の航路標識を持っているのであろう。

実は、この問題に対するすぐれた研究能力あるいは理解力をそなえた人々にさえ、まだよく分っていない部分がある。眼の中で光を感じる部分については電子顕微鏡による研究によって、ミツバチの複眼などで個眼の視細胞中を走っている棒状体（感桿）には規則正しく配列された微細構造のあることが知られている。すなわち、それぞれの棒状体は直径が一万分の一ミリメートル以下の細い管が無数に集まったもので、それぞれの管は個眼に入射する光に対して直角の方向を向いている。

単眼だけしかない昆虫でさえ偏光を利用していることから見て、偏光を感じる道具立ては、それがどのようなものであれ、比較的簡単で場所をあまりとらないものに違いない。チョウの幼虫やハバチの幼虫は頭部の両側に小数の単眼があるにすぎないが偏光を利用して進路を定めることができる。

アリはごくわずかの青空が見えさえすれば太陽に対して運動の定位を行なえることが、すでに一九二三年に知られていた。当時示唆されたことの一つは、アリには人間が井戸の底から空を見た時のように、星が見えるのではないかということだった。

アリが巣に戻るのは普通はにおいの跡をたどることによっている。しかし、このような跡がなくても、太陽を基準にして戻ることが可能である。たとえば巣から出かける時に太陽を九十度左に見て進んだとすれば帰りには太陽を九十度右に見るように進路をとる。また太陽の動きに対する補正も行なうことができるが、このような補正はごく短時間の外出以外は常に必要であるに違いない。

これをテストしてみる方法の一つは、アリを一匹つかまえて右へ五十メートル運んでから地面におろしてやるのである。すると、たとえ元とは反対の方向に頭が向くように置いたとしても、アリは元と同じ方向に進んで行き、巣から五十メートル離れた地点に帰って行こうとする。このことはアリが羅針儀を頼りに盲目的に進行していることを示している。

フォン・フリッシュの研究結果に誰もが驚いていた頃、もう一つの革命的な発見が行なわれた。これは一種類の動物について行なわれたものでもなければ、一人の研究者によって行なわれたものでもなかった。その発見とは鳥の帰巣や渡りに太陽による航法が用いられるということであった。すでに一九四六年にオランダのS・ディークグラーフは渡り鳥が太陽を基準として定位するという問題について実験と考察を行なっている。

一九四八年には英国のG・V・T・マシューズは、どのようにすれば太陽による鳥の航法が可能かについての理論をたて始めていた。彼の他にも多くの人々がほぼ時を同じくしてこの問題を研究していたので、太陽による航法という考えは非常に広まっていたのである。そして一九五六年にはF・ザウアーが、ある種の鳥は星を利用して航路を決定しているに違いないという考えに到達した。それ以後、昼は太陽、夜は星を利用する航法を意味する「天測航法」という言葉が生物学の用語に加わったのである。フォン・フリッシュの発見と同じように、天測航法の概念も科学における一つの突破口であることがやがて明らかとなった。

バスチアン・シュミットはすでに一九三五年に、彼が飼い慣らしていたカッコウが、渡りの時期が近づくと落着かなくなり、南の方に頭を向けてとまり木にとまるようになることに人々の注意を呼び起こしている。

その後、ほかの人々も人間に育てられたカッコウや、その他の渡り鳥を鳥舎で飼っていて、同じ現象に気づいている。G・クラーマーはムクドリの研究中に同様のことを経験した末、円形の観察箱を組立てて実験をしてみることにした。この装置は直径二メートル、高さ一・五メートルほどで、側面には窓が六つあり、また床はガラス張りで観察者が下から室内を見上げて鳥の動きを見ることができるようになっていた。その観察箱の中に彼は渡りの時期にあるムクドリを入れてみた。すると鳥は北西に面した窓に近いとまり木にとまったが、それはもし彼らが自由に移動できたならばやがて飛んで行くはずの方向であった。

窓には鏡が一枚ずつ取り付けてあり、これを動かして反射光を窓に入れられるようになっていた。六枚の鏡を同じ角度に固定することによってムクドリからは空が九十度だけ回転して見えるようにすることができる。こうするとムクドリは太陽の新しい位置に従って、彼らにとって北西と思われる方向を向くように位置を変えた。

しかし、ムクドリが直接に太陽を見る必要はなく、彼らはミツバチと同様に空の偏光パターンに反応していることは明らかだった。

室内の散光の下では、あるいは空が曇っている時にはムクドリは混乱させられるが、少しでも青空が見えれば定位することができた。

マシューズは偶然のきっかけから、自説の証明を見出した。彼はマガモを用いて実験をしていたのだが、彼らを放すと普通は北西に向かって飛んで行くことを知った。しかし、日没の直後に放した何羽かは北東に向かって飛び立ったのである。太陽は南西の方角に沈んだのだが、ちょうど鳥を放した時、北西にできた雲の切れ間が赤く輝いたのだった。これをマガモは夕日とかん違いして北東に進路をとったのである。このような間違いはまれではない。渡り鳥は都会の空が赤く光っているのを見てコースを外れることも知られている。

マシューズはその後二、三年にわたって彼の理論を完成させていった。彼自身や他の人々による多くの実験によって、鳥は太陽の運動を知って絶えずそれに対する補正を行ない、進路を正しく保てるということが分っていたが、これが彼の出発点であった。彼はこれは鳥に体内時計がそなわっているために可能であり、また鳥の脳には六分儀にあたるものがあると推論した。

この考えが基本的には正しいことは、鳥の能力という点だけから判断しても言うことができる。親を見たことのないカッコウの若鳥が親よりひと月も後から、親が飛んだと同じコースで南のアフリカをさして飛んで行くという事実はこれ以外のことでは説明できない。また、この考えは渡り鳥が霧や完全に曇った夜には混乱して燈台に飛び込んでくることの説明にもなる。

たとえばフランスから真南に向けて飛んで行く渡り鳥を捕えて六百キロメートル東に運んでから放したとすると、その鳥は通常の航路に戻ろうとはせずに、これと平行して東方に六百キロメートル離れたコースを南下し続ける。このことと、巣から五十メートル離れた所に運ばれたアリの示す行動との間には無視し得ない類似が認められる。

マシューズの説には弱点もあって、批判する人たちがいるけれども、鳥の渡りと帰巣とに、昼は太陽、夜は星による航法が用いられていることは確かである。ただ、それがどのような仕組みで行なわれているかはまだ完全には説明されていない。また、鳥に対して用いられたのと同様の方法によって、魚、カエル、爬虫類でも天測航法が用いられていることを示す、かなり確かな結果が得られている。はたして彼らが偏光を利用しているのか、もし用いているとすればどのような仕組みによっているのかという問題については現在のところまだ解答が与えられていない。

人間にはこのような航法を用いる能力がないとは断言できない。西欧においてさえ、実験をしてみると、目かくしをして自動車で見知らぬ土地に連れて行かれた後に自力で家に帰りつくことのできる人がときどきいる。こうした能力はコンゴのイツリ森林にすむピグミーやシベリアのある部族のような、未開の、従ってより自然人に近い人たちには特によくそなわっていると言われる。ピグミーについての調査によると、彼らはすぐれた帰巣性をもつミズナギドリにおとらず確実に家路につくことができることはほとんど疑う余地のないことである。ウエールズの沖にあるスコクホルム島から、外が見えないかごに入れて飛行機で米国のボストンまで運ばれたミズナギドリは、それまで飛んだことのない五千四百キロメートルの道のりを越えて、放されてから十二日半かかって帰ってきたのである。渡り鳥でない鳥が帰巣できる距離は数キロメートルにすぎないが、数種類の渡り鳥についてはこのミズナギドリの場合と同じか、あるいはそれ以上の距離での帰巣テストが成功している。彼らが要した時間は帰還飛行が直線コースで行なわれたに違いないことを示唆している。また、飛行は普通大洋を

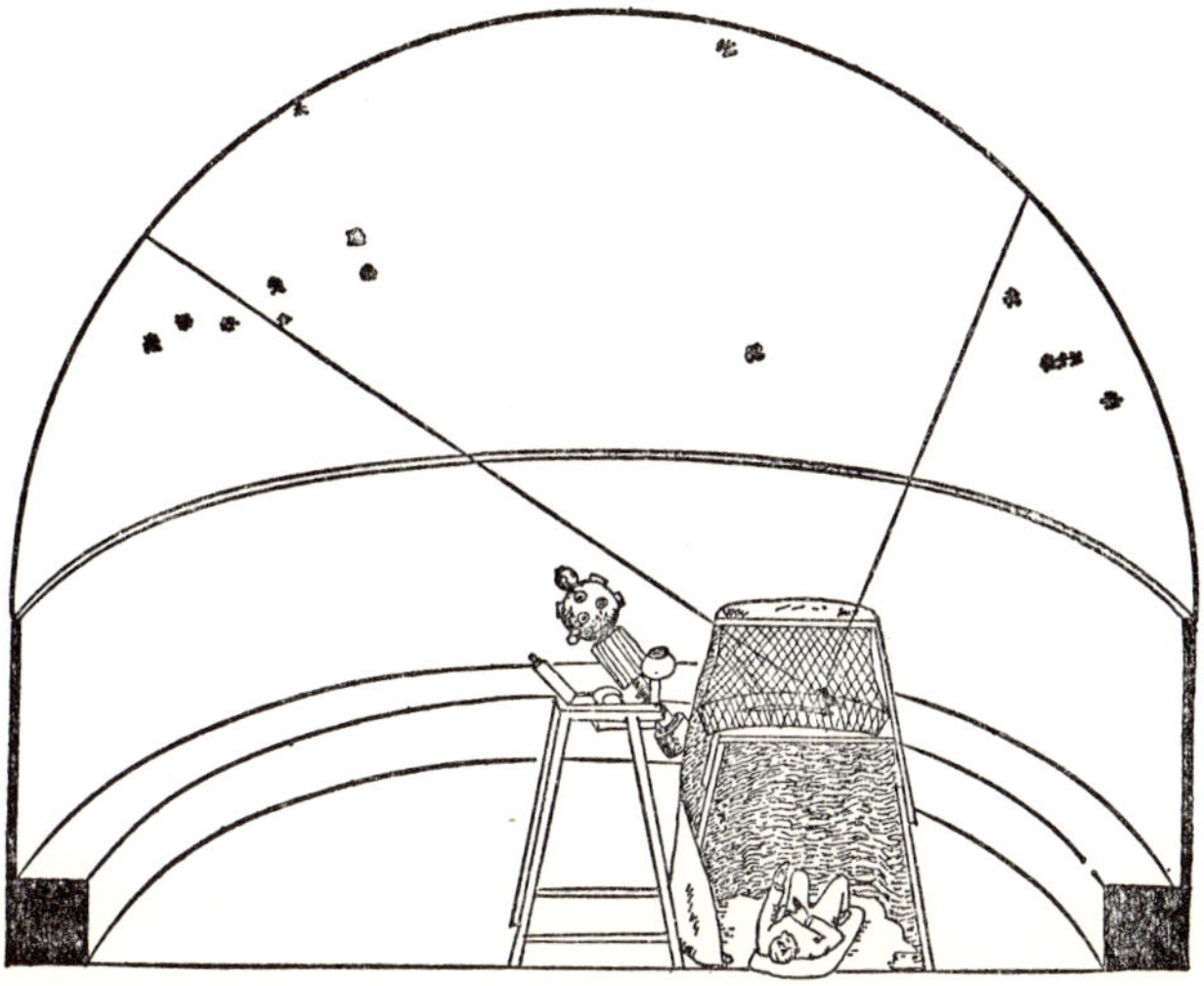

E. G. F，ザウアーによって鳥の天測航法の研究に用いられたプラネタリウムの図。籠の中にいる鳥に見える空の範囲を２本の直線で示してある。下からの光は籠の底から床に達するフェルトの布によってさえぎられている。

越えて行なわれるから、鳥が地上の目印を利用する確率はほとんどない。

一九六〇年にE・G・F・ザウアーはドイツのフライブルクで夫人と共同で行なった研究の結果を発表した。彼らは春にヨーロッパを訪れ、秋になるとアフリカに帰るムシクイ属の小鳥を多数、卵からかえして育てた。この鳥が渡りをするのはほとんど夜間に限られているため、ザウアーはムシクイやその他の夜間に渡りをする鳥は星によって航路を定めるのではないかと自問せざるを得なかったのである。ザウアー夫妻による研究の結果は、いくつかの点で航法の分野における最もスリルに富んだものである。

彼らが実験に用いたムシクイは、孵化した瞬間から防音装置を施した室内で人工光の下に置かれていたので、空と太陽と星がある外側の世界については何も知っていなかった。

彼らのうちの何羽かは、空の一部分が見えるほかは何も周囲のものが見えないようにガラスの蓋をしたおりの中に入れられた。渡りの季節になると、これらの鳥は磁石の針のように、渡りの飛行方向を向くようになった。そして、たとえとまり木を回転させても、鳥はこの方向を保つように向き直り続けるのだった。この実験に用いたムシクイの一種であるノドジロムシクイは、はじめはバルカン半島沿いに飛んでいる時のように南東を向き続けたが、その後ナイルの谷に沿うかのように南を向いた。

彼らが利用できる唯一の手がかりは夜の空であるらしく、もし雲などで空が見えないと彼らは混乱した。事実、彼らは非常に熱心に空を見ているので、流星が現れた時には一瞬方向を変えたほどだった。

つぎに鳥かごをプラネタリウムの中に置いてみた。薄明りをつけて星が見えなくなっている間はムシクイは定まった方向をとることができなかったが、プラネタリウムの空を外の空と正確に同じにすると、本物の空を見ているように一定の方向を向いた。

プラネタリウムでは丸天井にうつる星の角度を南北に動かして見かけ上の緯度を変えることができる。同じことを東西方向について行なえば、見かけ上の経度を変えることもできる。このように人工的に地理上の位置を変える実験のため、一羽のノドジロムシクイが選ばれた。プラネタリウムをその土地の緯度（北緯約五十度）に合わせておく限り、鳥は南東を向いていた。しかしプラネタリウムの角度を南北方向に変えて、南ナイルの谷に相当する北緯十五度に合わせると、鳥は真南を向くようになった。

今度は東西の角度を変えて、東経十七度（フライブルク）からシベリヤのバルハッシュ湖に相当す

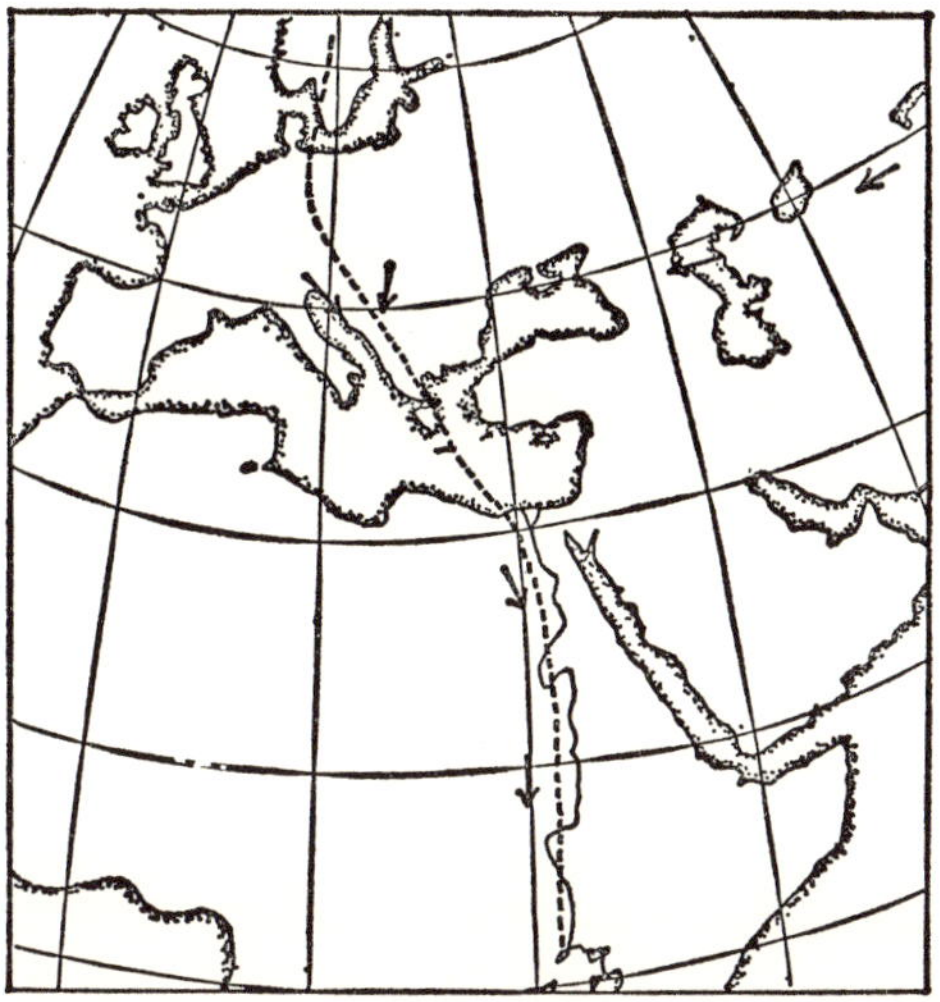

ムシクイの渡りについてのザウアーの実験を示す地図。矢印はヨーロッパとアジアの地図上の各地点にプラネタリウムの空を合わせた時に鳥が正常の渡りの経路に行こうとして向いた方角を示している。

る東経七十七度まで鳥に見かけ上の移動を行なわせてみた。すると、はじめの一分間ばかりはムシクイは混乱したようで、興奮したようすでプラネタリウムの空を見ていたが、やがて突然向きを変え、あたかも通常の渡りの出発点であるフライブルクを目指すかのように西に向けて飛ぼうとしたのである。プラネタリウムの角度をゆっくりと戻して再び元の位置に持ってくると、鳥も向きを西から南に変えた。プラネタリウムにウィーンの空がうつった時には鳥は真南を向いたが、これは鳥が実際にウィーンにいたならば、アフリカへの渡りの第一段階でバルカン半島に向かう時にとるのと同じ方向だった。プラネタリウムの空がフライブルクの空に戻った時には鳥は南東を向いていたが、これはもし自由に飛んで行けたならばバルカン上空へ行く時の飛行方向だった。

これらのテストの結果はただ一つのこと、すなわちノドジロムシクイは過去の経験も、また、星以外には何の道しるべもなしに時間と空間とに対して正確に定位し、通常この鳥が冬を過ごすアフリカのある地方にたどりつけるのだということを意味している。それは天空と地球上の地理とを、時間と季節とに従って、結びつける仕組みが遺伝的にそなわっていることを示すものにほかならない。

ザウアーによれば、鳥は空をひと目見ただけで自動的に向きを調整してその地点での飛行方向に合わせるということである。

母親から教わったことも空を見たこともなく、まして空について学習したことなどあろうはずもない鳥が、空の星の配置だけにこのように正確に反応するということは奇蹟に近く、ほとんど信じ難いことである。しかし、この実験で示されたことはすべてその後のテストによって確認されたのである。昼間に渡りをする鳥は、曇りの日には地形など他の手掛りを利用することもできる。完全に曇った暗夜には、渡りの途中にあるムシクイはむなしく円を描いて飛ぶほかはないが、星空の下では、たとえ空の一部が雲でかくされていても、先祖たちが通ったと同じ経路をたどって確実にゴールを目指すことができる。

ハマトビムシの場合を別にすれば、水中の動物が天測航法を用いているかどうかについて最初はほとんど注意がはらわれていなかった。淡水にすむ小型の甲殻類であるミジンコに真上から光を当て、その偏光を変化させるだけで、任意の方向に泳がせることができることが分っていたが、一九五〇年までは水生動物の航法について知られていたことはこれだけであった。しかし一九五〇年になるとトールボット・H・ウォーターマンが、フォン・フリッシュの発見に刺激されて、空からの偏光を利用していると思われるカブトガニの方向探知について研究を行なった。

カブトガニは生きている化石の一つである。現在生きているのはわずか数種にすぎないが、化石は二億五千万年前の上部石炭紀の岩からも出る。現在種の一つは米国の大西洋沿岸の浅海に住んでいる。毎年潮が引く時に、このぎくしゃくとした動物は陸に上ってきて砂に卵を産みつけ、ふたたび海に帰って行く。

カブトガニの馬蹄形をした甲らの上面には左右に一個ずつ小さな腎臓形をした複眼が上向きについている。ウォーターマンは殺したばかりのカブトガニから眼と視神経とを切り出し、神経を感度の高い増幅装置につないでから眼に光を当てた。光源と眼との間に偏光フィルターを入れてゆっくり回転させると、神経からは偏光面の変化と一致して周波数の変化するインパルスが記録された。つまりカ

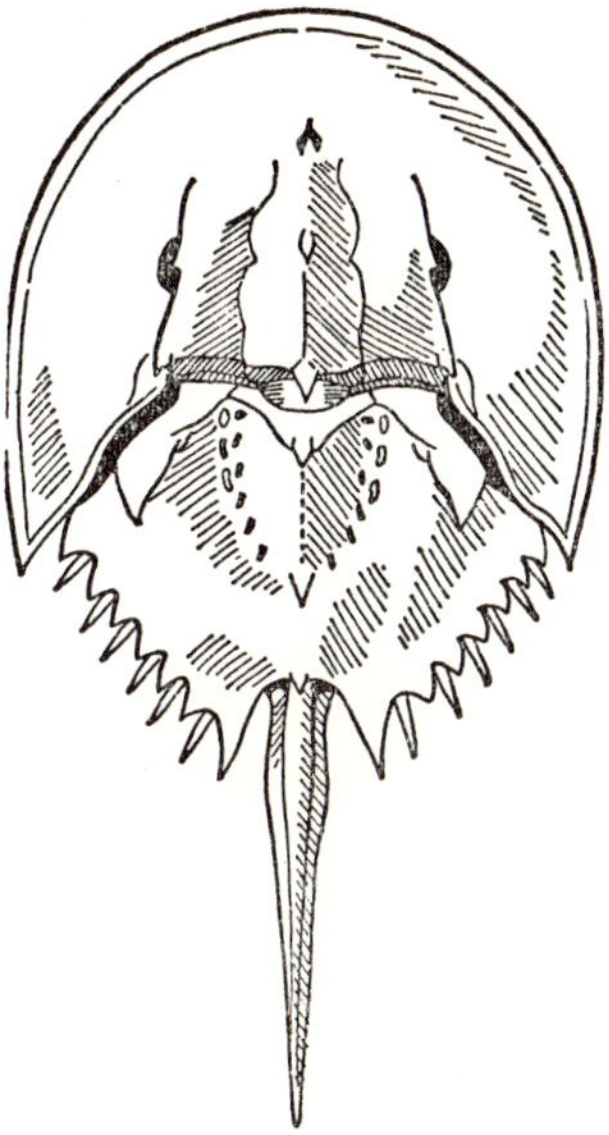

生きている化石であるカブトガニも天測航法を用いている。この動物は2億5000万年前から比較的変化せずに存在し続けたので，天測航法もその間ずっと用いられていたという推定が可能である。

ブトガニは偏光に反応し得ることが示されたのである。

つぎにウォーターマンは簡単な偏光検出装置を持ってスキン・ダイビングを行なってみた。彼が見出したところによると、海中では光は太陽の光線の水による散乱の結果、複雑なパターンの偏光を生ずるが、そのようすは空気中での偏光と本質的に似ている。多分カブトガニは産卵時の移動に際して、ミツバチと同じように偏光を利用して方角を知り、十五メートルの深さから波打ち際をへて砂浜に行き、ふたたび海へ戻って行くことができるのだと思われる。

その後、海の魚についても何人かの研究者によって実験が行なわれた。用いられた方法はミツバチや鳥に対して使われたものほど精巧なものではなかったが、得られた結果は同じようであった。ある種の魚は海中の洞窟で夜を過し、日中になると出てきてサンゴ礁の周辺で餌をとり、やがて夜になるとふたたび洞窟に帰る。このような魚が一日の終りに洞窟に戻ろうとするところを捕えて、目かくしをしてから放すことは比較的容易である。こうすると魚は方向感覚を全く失ったような行動を示すが、同じことは彼らのいる水面のすぐ上に不透明なおおいを張った時にも、また空が急に曇った時にも認められる。洞窟を目ざして泳いでいる魚を捕えて右または左に何メートルか運んでから再び海に返してやると、捕えられたとき泳いでいたのと同じ方角に泳ぎ出し、正常の洞窟から右または左に、ちょうど運ばれた距離だけ離れた地点に到着する。このようなことはすべて、ミツバチ、アリ、鳥など、空の偏光を利用して進路を定めることが知られている動物に共通した特徴である。

このことは第十章で述べたサケの回遊にも関係がある。太平洋のサケについて最近行なわれた研究の結果は、サケは天測航法によって沿岸まで戻ってきた後に、自分が孵化した川の水のにおいを探し求めるのだということを示唆している。

アオウミガメはえさ場と、産卵場である砂浜との間を規則正しく回遊している。この二つの場所は二千二百五十キロメートルも離れていることがあるが、アオウミガメは大洋に浮かぶ島を産卵のために見つけることができ、標識放流実験の結果から、同一個体が常に同じ砂浜に戻ってくることが示唆されている。彼らが天測航法を用いているというのは推測であって、実証されたわけではないが、これは次に述べるヒキガエルの場合についても言えることである。

ヨーロッパヒキガエルは春になると、はっきりと跡のついた道を通って産卵場である池まで歩いて行く。この道は先祖たちが代々にわたってたどったのと同じ道で、野原や道路を横切り、道路わきの急斜面を突っ切って、一直線にのびている。ヒキガエルは主に夜移動するが、その歩みはのろく、苦しげである。

最近の何年間かに、新しい家を購入して引越してきた人が、あくる年になると、何百匹というヒキガエルが家のまわりに集まって鳴き声を立てたり、中には家の中まで入ってくることを知ったという出来事が何件かあった。調べてみると、その家が建っている所は、元は池で、宅地造成のために埋め立てられたものであることが判明した。

田園に散らばってすんでいるカエルやヒキガエルが、どのようにして産卵のための池に戻ることができるかは長い間の謎であった。一説によると、彼らを導いているのは池に生育している微小な藻類のにおいであるという。これは短距離の場合には当たっているかも知れない。しかし、これとても議論のあるところである。ヨーロッパヒキガエルに関する限り、嗅覚がよく発達しているとは思われず、一キロメートル以上もある距離をへだてて有効に働くとはとても考えられない。また、ガの雄の場合のように、風下でにおいを受け取るということもあり得ない、というのは互いにほとんど反対側から同じ池に達する二本の移動路があることもまれではないからである。
別種のカエルを用いてアメリカで行なわれた予備的研究によれば、ヒキガエルも、また、これより不確かではあるがおそらくヨーロッパアカガエルも、ザウアーが研究したムシクイが渡りの道すじを見つけたのと同じように、空の星の配列によって産卵場である池への道を見つけていることが示唆されている。

これまで月については何も言わなかった。パルディとパピはハマトビムシについての昼の実験を終えてから夜間の定位について研究を試みた。暗室の中では、また屋外であっても月の出ない夜には、ハマトビムシは特に方向感覚を持っていないように見えた。しかし月が出ていると、彼らはそれを昼の空と同じように利用する能力を示した。彼らは鏡を用いて月の方角を変える実験にも反応したし、その上、空を渡って行く月の動きまで計算に入れているように思われた。

月に対して反応するのは浜辺にすむ海産動物だけなのかも知れない。もしそうであるならば、これはそれ自体が月によって引き起こされる潮の干満と関係していることも考えられる。

第十三章　体内時計　——行動のリズムとその謎——

ロンドンの、とある街角には、毎週火曜日の正午になると、ネコのえさにする肉を荷車に積んだ男がやってくることになっていた。男はそこで肉を切り分けて、近所の家へ配達するのだが、切る途中で不用な切りくずが出ると、それを地面に投げ、集まっているネコたちにくれてやるのだった。そこで、毎週火曜日の正午直前になると、ごちそうをあてにしてネコが集まってくるのが見られ、その数は十二匹ほどにもなった。彼らは一団となって歩道の縁にしゃがみ、男がくるのを待っていた。ネコはほかの曜日には姿を見せないのに、火曜日の正午に限って規則正しくやってきて御祝儀の分け前にあずかろうとしたのである。

つとめから帰ってくる主人を、電車の到着時刻に駅まで出迎えに行くイヌについての報告は多い。出迎えは毎日一定の時刻に規則正しく行なわれる。こうした例では、イヌは出迎えのため家を出る時間になったことを自分の周囲で起こっている些細なことによって知る可能性が常に残されている。言いかえれば、イヌに時間の感覚があると言われるのは体内の時計よりもむしろ時刻と結びついた各種の出来事についての知識によるものかも知れないのである。

動物に時間の感覚があるのではないかという疑問を起こさせるような実例は、このほかにも多数あげることができる。科学者たちも同じ疑問をずっと抱いて来たが、その問いの形は少し違っていた、というよりも彼らは別の名称を用いていた。科学者たちは彼らが「生物時計」と呼ぶものを探していたのである。このような探究は、ミツバチや鳥その他の動物に太陽の動きに対する補正計算を行なう能力のあることが発見されて以来、特に盛んに行なわれるようになった。

科学的な内因の追求ということを除けば、これは別に目新しいことではない。生命に地球の回転と結びついたリズムがあることは昔から知られていた。われわれの住む地球の回転によって昼と夜が、そしてまた四季が生まれる。花は一日の定まった時刻に開き、木は秋に落葉して春に芽吹く。朝に起き夕に眠る動物があり、これとは逆の動物がある。われわれの周囲には日、月、年の移り変りと結びついた出来事が絶えず起こっている。

記録に残っているこの種の観察のうちで最古のものの一つは、二千年以上昔のアレキサンダー大王の時代にアンドロステネスによってなされている。彼は、ある種の植物の葉の動きには明瞭なパターンで一日ごとに繰返されるリズムがあることに気づいたのだった。同じ時代にギリシアの学者アリストテレスはウニの卵巣が満月の頃に大きくなることを観察している。それ以来、多くの海産および陸生の動物の繁殖時期は満月に一致するという考えや、ある種の穀物が最も良く熟すのは満月の時であるという考えが長く信じられてきた。

行動のリズムについての古い観察には、一八七七年にイングランド南部にあるデボン州のトプシャムに住むロス氏なる人物によって行なわれた次のようなものもある。彼はシャニーと呼ばれるイソギンポ科の魚を海水を入れた水槽で何カ月にもわたって飼っていた。ロスはこの魚がいつも満潮の時が近づくと落着かなくなることに気づいた。そこで大きな石を水面から頭が出るようにして水槽に入れてみたところ、魚は干潮時には水からあがり、満潮が近づくと水に戻った。水槽の水が動くわけでも

ヒダベリイソギンチャクが示す周期的活動の種々相。このイソギンチャクは環境が全く変化しない時でも一種の超スローモーション・バレーのような極めておそい活動を繰り返している。

なく、海岸で何が起こっているかを魚に教えるものは何もなかったのに、魚はいつも潮が満ちたり引いたりする時間を知っているかのように行動した。

今世紀の初めになると、動物学者たちにはすべての動物に固有の活動リズムがあることがはっきりとしてきた。このことを生き生きと示している例として、ヒダベリイソギンチャクの行動をあげることができる。このイソギンチャクは普通には白い色をしていて、上部に多数の小さい触手がある。これが多数入っている水槽をのぞいてみると、いつも何匹かは完全に縮んでしまって、まるで岩の表面についた白いボタンのように見えるし、また何匹かはすっかり伸び切って美しい白い花のように見える。残りのイソギンチャクは、この二つの中間のさまざまな状態を示している。触手の伸び具合もいろいろだし、胴にあたる部分は短かかったり、長かったり、風船のようにふくらんでいたり、縮んでいたり、しわが寄っていたり、まっすぐだったり、一方に傾いていたりする。ずっと眺めていると触手が動いたり、胴がゆっくりと波打ったりするのが見えることがある。これを見れば、誰もが、このような動きは食物の存在や水の振動など、環境の変化に対する反応として起こっているのだと考えてしまうに違いない。

ところが、ヒダベリイソギンチャクを水槽に入れ、食物を与えず、水の振動やその他の刺激となるものが一切ない状態に置いても、前に見たと同じさまざまな形の変化を、スローモーションのバレーよろしく、全部演じて見せるのである。自然の状態では、水の動きや、泳ぎ過ぎようとする餌などによって、イソギンチャクが縮んだり、胴や触手を伸ばしたりすることがある。しかし、周囲の条件に変化がなくても、このようなリズムのある活動が絶えず行なわれているのである。これと同じようなリズムの存在は他の動物でも示されており、われわれ自身にも経験がある。これはわれわれが寝ている時、どこから見ても完全に休んでいるようだが、一晩中動いたり、寝返りを打ったりしているということによく示されている。

今から二十年ばかり前に、ハツカネズミやトガリネズミをはじめとするある種の小型哺乳類では、睡眠と活動の時期が昼夜を通じて三時間ごとに交代することが発見された。動物には昼間に活動する昼行性のものや夜間に活動する夜行性のものがあるというのが、それまで長い間親しまれてきた考えだったが、このような区別は大まかなものに過ぎないことが分った。たとえば、ある種のコウモリは夕暮に一、二時間飛行するとねぐらに戻り、夜が明ける直前にふたたび一、二時間そとに出る。このようなものは薄暮性と呼ばれる。

今では、昼行性あるいは夜行性という考えに代って、その動物が実際に二十四時間の間に何をするかということにもとづいた考え方が行なわれるようになった。こうして、これまでに研究された動物はすべて、ヒダベリイソギンチャクと同じように一定条件の下に置いても、二十二時間ないし二十七時間の周期をもったリズムを示すことが明らかになった。これが日周性と呼ばれるものである。

この内的リズムは、一日に一時間から二時間も進んだりおくれたりすることのある不正確な体内時計とみなさなければならない。しかし、この時計は外的な情況のおかげで正しく保たれている。たとえば、ある種の鳥は夜明けになると正確に眼をさますけれども、実験条件の下では眠りにつく時間はそれほど一定ではない。自然の状態では、周囲が暗くなることによってねぐらにつくべき時がきたことが分る。従って、内的なリズムは日の長さによって毎日チェックされ、修正されているのである。

重要な出来事が二十四時間間隔で生ずる例もある。実験によく用いられるショウジョウバエが蛹から羽化するのは早朝で、自然の状態ならば空気が湿っていて気温が低い頃である。蛹の殻から出てきたばかりの成虫はクチクラが軟かく、まだ防水性をもっていない。もし空気が乾いていて気温が高い時に出てきたならば、ハエの体から水分が失なわれてしまう危険がある。このため、羽化が明け方に行なわれるような二十四時間ごとのタイミングはほとんど不可欠なものであるといってよい。ところが、実験室で空気を湿らせ、気温をかなり低くしたままにしておいても、この二十四時間のタイミングは依然として保たれるのである。

二十四時間の間隔で行なわれる、いま一つの馴染み深い活動は産卵である。大抵の鳥は一回に抱く卵を産み終えるまでは一日一個の卵を約二十四時間の間隔で産む。心臓の搏動や体温にも二十四時間を通じて変化するリズムがみられるし、ニワトリでは赤血球が真夜中には正午よりも多くなることが示されている。この赤血球数は二十四時間ごとのリズムで変化するのであるが、同じことは白血球についても見られる。

海岸の潮間帯にすむ動物では、海水につかっている状態と空気にさらされている状態とが毎日交互に繰返される。潮が引くと彼らの多くは乾燥を防ぐための行動をとる。たとえば、ツタノハガイの類は干潮時には岩の表面に強く吸い着き、体を湿らせ呼吸に必要な酸素を供給する水を殻の下から逃さないようにする。潮が満ちてくると、ツタノハガイは岩の表面の「家」を離れて緑色の海草を食べるために歩きまわるが、潮が引くまでには戻らなければならない。潮が引いてしまってからツタノハガイが家に帰ってくるのにお目にかかれることは滅多にない。

これらの動物は行動を潮の干満に合わせる必要がある。しかし、干満の時間は毎日約一時間ずつ変化しているから、定時のリズムでは役に立たない。変化する潮汐の時刻を予測するようなリズムが必要なのである。さらに、水槽に入れられ一日じゅう水に没していても、彼らはまるで潮の干満があるかのような行動を、少くともしばらくの間はとり続ける。

シオマネキなどのカニには潮汐のリズムに対する別の反応がみられる。ある種類では潮が引いて空気にさらされたばかりの時には体色が暗いのに、満潮時には明かるい色になる。この変化はカニを水槽に入れても続くが、これは皮膚にある色素細胞中の色素が散らばったり集まったりすることによって起こる。このような色素細胞を含む組織片をカニの体から切取って何週間か生かしておいても、色素は散らばったり集まったりし続け、従って潮の干満に合わせた色の変化も続く。このことから個々の細胞さえも時計の働きに一役買っている可能性も考えられるのである。

この実験に用いられたのと同種のシオマネキ属のカニは、他にもいくつかのリズムを示した。そのうち二つは呼吸に関係したもので、一つは干潮時に酸素のとり込みが最大になるリズムであり、いま一つは午前三時から五時までと午後四時から六時までとに最大のとり込みがあるというリズムである。

タマシキゴカイに近縁のアレニコラ・マリーナには、また別のリズムがある。この動物を見たことがあるのは、それを砂から掘り出して釣の餌にする漁師と、好奇心の強い生物研究家くらいのものであろう。それ以外のわれわれに見えるのは干潟のあちこちに出来た糞の小山と、それから数センチメートル離れた砂の表面の小皿形をしたくぼみだけである。糞の小山と小皿形のくぼみとは、この動物がすんでいる砂中に作られたU字型の穴のそれぞれの口にあたる部分である。

アレニコラは穴の中で非常に規則正しく四十分ごとに動く。体の後端を砂の表面まで動かして糞を出してから穴の底に戻り、体を激しく波打たせて、呼吸のための水を小皿形のくぼみの中にある穴から吸い入れるのである。また、七分ごとに吻をこのくぼみまで伸ばして砂を食べ、それに含まれる細かい動植物の死骸を養分として吸収している。

この二つの周期的運動は、アレニコラを実験室に持ってきて水槽中に置いたU字型のガラス管に入れても依然として続く。さらに、頭の部分だけを切り離して海水に入れておくと、ゆっくりとした波がつぎつぎに食道を伝わって進み、その波がくるたびに吻は周期的に突出する。食道を吻から切り離すと、食道の壁では波が引続き発生するが、吻の波動は止ってしまう。これはリズムを支配しているペースメーカー、すなわちリズムの発生源が食道の壁に存在しているに違いないことを示している。

これは家庭用の冷蔵庫が長い休止を挟んで短時間の活動を繰り返している状態に似ている。冷蔵庫のペースメーカーにあたるものは、温度があるレベルに達するとモーターのスイッチを入れるサーモスタットである。しかしアレニコラではペースメーカーの活動は自発的であって温度の変化は必要でない。

アレニコラのリズムは四十分の周期をもつが、同じく自発的な一年の周期があることがE・G・F・ザウアーのその後の研究によって示された。彼はヨーロッパでは夏の住人であるムシクイを卵からかえし、人工照明をほどこした防音室の中で、常夏に等しい状態で育てた（第十二章参照）。野生の状態ならば、日が短くなるなどといった自然のきっかけに反応して、南国の夏を求めてアフリカへと飛び立つこともあり得る。しかし彼らはこのような一切のきっかけから完全に遮断されていたにもかかわらず、秋がくると落着かなくなって、人工のすみかの中で枝から枝へと飛び移り、夜は眠らなくなった。もし渡りが許されていたならば彼らは一晩中飛び続けていたことだろう。この落着かない状態は、大体彼らがアフリカに到着するのに要すると思われる期間だけ続き、その後は鳥たちは正常な習慣を回復し、夜も眠るようになった。しかし、春になって、自由なムシクイたちがヨーロッパに戻って来る頃になると、その時まで一定不変の環境の中に幽閉されていたムシクイたちも、ふたたび落着かなくなり、夜も眠らなくなった。ザウアーは、これはムシクイの体内に時計があって、年ごとの渡りの時期を教えているようなものだと述べている。もし彼らに自然環境に存在するきっかけが与えられたならば、その体内のリズムは渡りの行動に移しかえられたことであろう。しかし、ザウアーは鳥の周囲で起こっていることとはまったく無関係な体内リズムの存在について満足すべき証拠を提出したのである。

年周性のリズムとして最も有名なものは恐らく南太平洋のパロロであろう。イソメ科（環形動物）に属するこの虫はサンゴ礁の穴や割れ目にすみ、毎年十月と十一月の二回、満月から数えて八日前に生殖器官が成熟する。すると生殖器官のある体の後半分が切り離されて水面に向かって泳いで行く。体の前半分はサンゴ礁に残り、次の年に再び生殖器官を放出する。熟した後半分が水面に群がる日は非常に正確に定まっているので、住民たちはカヌーをこぎ出してこれをすくい取り、恒例の大ごちそうとする。

米国の太平洋岸でもこれと似た出来事が注目されている。三月から六月にかけて毎月二回、潮が特に高くなる満月か新月の後の二、三、四日目の晩に、グルニオンと呼ばれる体長十五センチメートルほどの小さい魚（トウゴロウイワシ科）が、潮が引きはじめた直後に大挙して浜に押寄せて来る。波打際に打ち上げられた雌が砂に尾で穴を掘って卵を産むと、その後から雄が受精させる。そして雌雄ともに砂の上をすべるようにして海へ戻る。この卵が再び海水につかるのは二週間後であるが、その時に稚魚は卵からかえって海にすべり込んで行くのである。

さまざまなリズムの例はこのくらいにしておこう。このようなリズムのもとになっている体内時計の実体はまだ分っていない。ここで話題を、大部分の人が真の時間感覚と考えるようなものに対する実験的な探究に向けてみよう。

ゴキブリは家庭では歓迎されざる客だが、体内時計についての研究にはずいぶん利用されている。彼らは暗くなる直前に活動を始め、その活動性は二、三時間後に最高となるが、夜半には再び低い水準に戻る。ゴキブリを午後六時から翌朝の六時まで暗室に置き、次に光を十二時間照らすというようにして飼ったとする。そしてある日、真夜中の十二時に明りをつけたならばどのようになるだろうか。

自然の状態では日が暮れる時間は徐々に移り変わるので、ゴキブリの体内時計はそれに合わせて修正される。ところが、実験室の消灯によって始まる暗闇の時間を、ある日から実験的に六時間進めた場合には、ゴキブリは活動の時間を即座に六時間早めるようには反応しないのである。彼らはその時間を毎日、比較的少しずつ、すなわち一時間半ずつ変えていくので、六時間の変化に合わせるためには四日かかる。もし時間をこれよりも大幅に──暗黒の時間を十時間あるいは十二時間も早めるように──変化させると、ゴキブリは完全に混乱してしまう。

これらすべてのことは、ゴキブリには外部の世界の比較的小さな変化についてだけ針を合わせ直すことのできる体内時計があることを示唆している。このことを除けばゴキブリの時計はほとんど独立的かつ自律的なものである。

ゴキブリについての研究結果には互いに矛盾するものが多いが、このことは、こみ入った細かい手術が必要なことからも予想されるところである。しかし、今までに得られた結果を満足のいく形に要約することはできる。脳にある神経細胞のうち二個からは、インパルスが主要な神経索を通って、脚を支配する胸部の神経節に伝えられる。ゴキブリが昼間休息していた暗いかくれがから出てくるのは、この二つの細胞が胸部の神経節に信号を送って、脚の運動を命令させるためである。

これは明らかに単純化し過ぎた見方ではあるが、目覚めの過程の基本となることがらを表している。この過程のどこかではホルモンが出されるので、目覚めに神経がどれだけ貢献し、ホルモンがどれだけ決定力を持っているかという釣合いの問題が生じ、これが矛盾する結果が得られることの原因ともなっているのである。

ホルモンが関係していることは、一匹のゴキブリからとった体液を他のゴキブリに注射すればその時計をずらすことができるという実験によって示される。すなわち、照明をつける時間を変える方法で、あるゴキブリの目覚めの時間が数時間おくれるように訓練する。このゴキブリの体液を数滴、正常に行動しているゴキブリに注射すると、注射されたゴキブリは数時間おくれて目覚めるようになる。
このような実験はさらに、無リズム性個体と呼ばれるものを作り出すところまで進められた。続けて暗黒中で育てられ飼われているゴキブリは、活動を二十四時間続ける無リズム性個体となる。この時の活動量の総和は、規則的な昼と夜の移り変りを経験している個体のものより増大していないが、ある時間に集中せず均等に配分されている。無リズム性のゴキブリに正常なゴキブリの体液を注射すると体内時計を再調整することができ、それ以後は、およそ十二時間ずつの活動と休息を繰返すようになる。

無リズム性のゴキブリに光を短時間当てることによっても行動のリズムを生じさせることができ、引き続き絶え間のない完全暗黒中に置いても、孵化した時からずっと正常な生活をしていたかのように十二時間ごとの活動と休息という正常なリズムを示すようになる。しかし長時間光に当てることはゴキブリを混乱させるだけである。

一日ごとのリズムに関する限り、広い範囲の動物について行なわれた多くの研究はすべて同様の結果を示している。それは、動物の体内に、自己調節能力が大きいことのほかは人間が作った時計の内部機構に驚くほど似た振舞をする機構が存在するという印象を与える。

古く一九〇八年にA・フォレルはミツバチが定まった時間にジャムを食べに食卓にやってくるのを観察した結果を記している。ある日彼はミツバチが一匹ジャムにやってきたのに気づいた。ジャムが食卓に出されるのは朝食と午後のお茶の時だけで、昼食と夕食の時には食卓に他の食物はあってもジャムは置いてなかった。最初の二、三日はミツバチは毎回の食事の時にやってきたが、その後は朝食とお茶の時間にだけ食卓を訪れるようになった。従って、ミツバチは食卓の用意ができたのをみて、たまたま飛んできたのではなく、食事の時刻とジャムが食卓にあるのはいつかということを覚えたように思われた。

フォレルはミツバチを試験してみようと、どの食事の時にもジャムを食卓に置かないようにした。しかし、ミツバチは相変らず朝食とお茶の時間にやってきたし、明らかにジャムを探すように、茶わんなどの器の中にまで入ってきたのである。

一九〇八年以後、他の人々も同様な実験を行なっているが、フォレルが得た結果を覆すようなことは何も起こらなかった。インゲボルク・ベーリングはミツバチの巣箱を明るさと温度と湿度とが一定に保たれている室内に置いた。こうして彼女はミツバチが日中でも夜間でも一定の時間に砂糖水を入れた皿を訪れることを容易に覚えるという事実を発見した。

ベーリングのミツバチが環境の小さな変化に反応していた可能性はない。なぜなら、このような変化は存在しなかったからである。別の人たちは、主人を駅まで迎えに行くイヌの場合と同様に、ミツバチの時計が内部的なものか、それとも外部的なものによって決定されるのかを調べた。一つの実験として、一定の時刻に砂糖水の所へ行くように訓練されたミツバチをとって、低温に一時間ばかりさらしてみる。こうすると代謝がおそくなるが、同時にミツバチが砂糖水を訪れる時間もおくれる。薬品を用いる実験も行なわれた。代謝速度を増加させるある薬はミツバチの砂糖水への到着を早めた。また、代謝速度を下げる別の薬は到着時間をおくらせた。実験者たちはさらに詳細に研究を進め、脳の中の、二個のペースメーカー細胞が存在する部分だけを冷やすというような細かい実験さえ行なったが、これによってミツバチが餌の容器に到着する時刻はやはりおくれた。

野外で自然を観察する人は誰でも、動物の行動が規則正しく行なわれていることに容易に気づくようになるのだから、右に述べたような実験はすべて、ある意味で労力の浪費であると見ることもできる。もし午後一時にアオゲラが芝生で餌をついばんでいるのを見たとすれば、次の日にも同じ時間にこの鳥が見られると期待できる。もしこなかったとすれば、その日は他のえさ場を訪れていたためである。何年も前に、一人の自然研究家がつぎのように語ったのも、このような規則正しさを知っていたからにほかならない。すなわち、鳥は詩人たちがわれわれに信じ込ませたいと思っている「空気のように自由」なものではなく、習慣に生きる動物であって、オフィスや工場で働いている人たちと同様に、きまり切った日課にしばりつけられているというのである。

ミツバチが毎日ある定まった種類の花を、それが開く午前十一時に訪れ、また別の種類の花を、それが開く午後三時に訪れるというようなことを見ることができる。また、毎朝工場に着いてドアを開ける時にハトに餌をやる人には、ハトが彼の到着を待ち受けていることがわかるであろう。

ミツバチや鳥が日常活動の中で太陽を利用していることはすでに述べた。次に必要なのはこの太陽時計と体内時計との関係を知ることであるが、これについては、特にホシムクドリを用いて行なわれた研究がある。この鳥を訓練すると、円形に並べてあるいくつもの箱の中から、北にある箱に入った餌を選びとらせることができる。このためには太陽が必要だが、ホシムクドリは食事の必要がある時には、それが昼間ならば何時であっても太陽を道しるべとして北側の箱まで行くのである。このことは、これを支配している時計と、活動性を全体として支配している生物時計とが同じものであることを示唆している。

これを調べるために一つの実験が考え出された。二羽のホシムクドリのうち、一羽は北側の箱に行き、もう一羽は西側の箱に行くように訓練を行なった。つぎにこの二羽を正常の昼夜の代りに連続照明の条件下で飼うと、正常な環境の下では夜明けに見られた活動開始の時間が次第に早くなった。これを数日にわたり続けた後に、もう一度、餌箱の試験を行なって見たところ、二羽とも正しい箱の左にある間違った箱を常に選んだのである。しかし、再び正常な昼夜に戻してから餌箱を選択させると、ためらうことなく正しい箱に行った。このことは太陽の動きを補正する役目を持つ時計と、毎日の活動リズムを支配している時計とが同じものだということを強く示唆している。

この問題に対する別の面からの研究が、第十二章で述べた実験に使われたハマトビムシを南半球に運んでみることによって行なわれた。イタリアから南米にハマトビムシを空輸したところ、彼らは周囲のものすべてが違っていたにもかかわらず、イタリアにいた時と同じように太陽の動きを利用して正しく浜辺を下って行った。彼らの体内時計は自分たちを連れて行った人達がつけていた腕時計と同じように変更されずに動いていたのである。

モグラはほとんどすべての時を地中で過しているが、その二十四時間は四時間ごとに交代する休息時間と活動時間とに分かれている。もしモグラ塚の土が午前十一時に盛り上るのが見られたとすれば、かなりの確実さで翌日の午前十一時にも同じモグラ塚か、その近くで同じことが観察できる。

地中にすんでいたり、地下にもぐって休息する動物は、朝の光や夕方の暗さによって目を覚ますというわけにはいかない。小型の齧歯類では穴の入口をふさいでしまって眠りにつくものもあるが、夜になって暗くなると間違えずに眼を覚ます。洞窟の完全暗黒の中で眠り、動きまわるには反響定位を用いる必要があるコウモリやアナツバメ、アブラヨタカなどの鳥では明らかに体内時計を持つことが必要である。コウモリは日光からも、昼夜にともなうさまざまな変化からも遮断されているばかりでなく、眠る時には体温が周囲の気温よりわずか二、三度高いところまで低下することのために体内時計が特に必要である。すなわち薄暮に正しく目覚めるためには、それに先立って体温を上昇させる必要があるからである。

規則正しい習慣を持った人たちは特別の助けがなくても、たとえば午前六時になるとたちまち目を覚ますということを思えば、このことは別に驚くにはあたらない。実際に、つぎの朝はいつもと違う時間に起きたければ、寝床につく前にこのことを心に留めておくだけで、ちゃんとその時間になると目が覚めるということをわれわれは経験によって知っている。これは著者自身も時々行なっていることで、もしこれを周囲の物音によって時間が分るのだろうと言う人があるならば、私が午前五時に起きたいと「念力」をかけた時のことを例にあげたい。私が目を覚ました時、寝室の外の踊り場に置いてある時計が四時を打った。私はベッドから出て、すっかり目が覚めていたのでそのまま起きてしまったのだが、その時計が実は一時間おくれていたことを後になって知ったのだった。

J・アショフとJ・マイヤー＝ローマンとは動物の一生のどの時期に体内時計が動き始めるのかを調べようと考えた。彼らはニワトリのヒヨコが卵からかえるとすぐに、これを昼夜の区別も、温度や湿度の変化もない一定した条件のケージに入れた。当然のこととしてヒヨコの動きは始めのうち弱々しかったが、動きがしっかりとしてくるに従って規則的なリズムが現れてきた。これは孵化後第三日から次第に明瞭になり、第十一日には二十五時間よりもわずかに長い周期をもった真の日周性がみられるようになった。

しかし、ヒヨコの体内リズムには、このほかに、孵化前であっても検出できるものがある。ヒヨコは殻が割れるよりもずっと前から殻を通して入ってくる酸素を用いて呼吸しているが、F・バーンウエルとL・ジョンスンとはこの酸素の量を測定することによって、酸素消費量にはっきりとしたリズムがあることを見出した。さらに、卵の中にいるヒヨコは見ることもできないし、殻を通じては所詮わずかな光の差しか見えないにもかかわらず、昼間には夜間よりもずっと多くの酸素が消費されていることが分った。

一九六九年にA・G・アザリヤンとV・P・ティシェンコはコオロギの前大脳にある神経細胞が日周性を支配していることを突きとめた。彼らはコオロギの頭部と胸部の間を糸でしばり、神経の伝導はさまたげずにホルモンが通過できないようにしたが、こうしても体内時計の機能は失なわれなかった。前大脳の神経インパルスはコオロギの活動性の増大や減少に応じた日周性のリズムを示し、夜から昼へ、そして昼から夜への変化によって直接に影響された。このインパルスは脚の運動を支配している神経節に対して引き金の役目をするもので、コオロギの活動が昼夜の明暗のサイクルに一致しているのはこのような直接的な仕組みによると思われる。

おそらく決定的とも思われる事実は、光が入らず温度変化もない地下の洞窟にすむザリガニの一種(オルコネクテス・ペルシドゥス)を研究した人々によって発見された。この動物は、すべての点で実験室で作られるものと同じような一定不変の条件の下で二万五千年ないし五十万年の間生きてきたのだが、予想されるような呼吸などのリズムだけでなく、日周性のリズムをも持ち続けていた。はるか昔に不用になった体内時計が、いまだにチクタクと動いていたのである。

すべての証拠——ここに紹介したのはごく一部にすぎないが——を総合すると、つぎのように思われる。生き物はすべて、日や月や年を数える能力を持ち、その体内には大小さまざまなリズムがあって、小さいリズムは大きいリズムに、そして大きいリズムはさらに大きいリズムに支配されている。これは、いやおうなしに時計の歯車を連想させるが、秒針にあたるものは細胞に他ならない。足りないのは振子――全体をコントロールしているペースメーカーだけである。このペースメーカーの働きは、一部分は神経、一部分はホルモンによっていることが知られている。しかし時計の仕掛けは電気的なものであるという意見が有力なようで、もしこれが確実になれば将来の研究においては過去二十年のものとは根本的に異なった戦術がとられることになるだろう。

それはともかく、ネコが火曜日の正午に、ごちそうをもらいに街角に集まるなどということは、わけもないことのように思えてくる。

第十四章　行動の首飾り　——感覚と反応の連鎖——

わが家のボクサー犬が生まれてはじめての雷雨を経験したのは、生後数ヵ月の頃だった。最初の雷鳴の後、彼は開いていた戸口まで行って外を見た。ほとんどの犬は雷雨の時におびえるということを知っていたので、私は彼の横に立ち、恐怖の徴候が見られたならばすぐに安心させ力づけてやろうと考えながら見おろしていた。それで、雷がつぎに鳴った時にどういうことが起こるかを観察する用意は万端とととのっていたのである。稲光りはそれほどはっきりとは見えず、私の犬にも影響を与えないように思われた。つぎの雷鳴が空を左から右に向かって鳴り渡って行った時、私は犬の反応を詳細に見た。彼は耳を立て、一生けんめいに聞き、また、空気のにおいをかいだ。そのひげはさか立ち、頭はゴロゴロという雷鳴の進行につれて左から右に向きを変え、まるで雷を見ているようであった。動物は見慣れない物体や目新らしい出来事に対して、すべての感覚を向けるという動物行動研究の初歩的な原理を、私はこの時はじめてさとったのである。

この出来事を述べた理由は、われわれ人間は新たな事態について調べようとする場合に視覚を用いることが極めて多いということもあって、個々の感覚を別々に切り離して考えがちだということにある。本の中で動物の感覚の研究について説明するには、混乱を避けるためにそれぞれの感覚を個別に扱う必要があり、味覚、嗅覚、触覚、聴覚、視覚などの章を設けることになる。しかし、その後で、生きている動物では――わが家のボクサー犬がはっきりと教えてくれたように――これらの感覚が決してばらばらに分かれているのではないことを是非とも示さなければならない。

あの雷雨から約一年たった頃、私は一匹のジェネットの世話を引き継ぐように頼まれた。ジェネットとはマングースに近縁のアフリカ産の動物であるが、その姿はほっそりとして極めて優美なとらねこに似ており、眼が大きく、鼻先がとがり、長いひげがある。私たちはこの新しい客のために小さな部屋を用意しておいたが、その部屋には上部のまわりに木の枝をめぐらした上、床からこれにとどくように枝を何本か配置しただけで、ほかに何も置かなかった。ジェネットは茂みや林の中で獲物をとることが多いので、このような部屋ならば気分が落着くし、適当な運動もできるだろうと思われた。

はじめてこの部屋に入れられた時、ジェネットは壁をかけ登って窓のところへ行った。しかし、窓ガラスに爪がかからず、後ろ向きにすべり落ち始めると、体全体をひねって水平な枝の一本に飛び移った。逃げ出そうとする最初の突進に失敗したジェネットは、しばらくはそのままで、繊細な耳を振動させ、ひげをぴくつかせながらあたりを見回し、新しい住居のようすを調べていたが、やがて部屋の探険に出発した。

まず、極めておそい動作で片方の前足を枝にのせて調べ、それが折れないことを確かめてから後足を前に出し、同じように枝を調べてからつぎの前足を動かすという具合で、ジェネットはひと足ごとに確かめながら限りなくゆっくりと部屋全体を歩いて行ったが、その間、すべての敏感な感覚を常に働かせていた。頭は前に伸びて上下左右に動き、ひげは絶えずぴくつき、鼻孔はにおいをかぐたびに動き、可動性の耳は常にふるえながら方向を変え、眼はあらゆる細部を注意深く見ていた。

部屋の壁には、ところどころにクモの巣があり、また塗料の上にしみがあるだけで、他には何もついていなかった。しかし、このような細かいものも何ひとつとしてジェネットの目をのがれはしなかった。ジェネットはしみやクモの巣をひとつひとつ、恐らくまず眼で見てから鼻で調べたが、その間中、耳と鼻孔とひげが動き続けていた。

このように骨の折れるゆっくりとした動きで部屋を一周し終えると、ジェネットは出発点に戻り、ふたたび前と正確に同じ道すじをたどって、同じようにあらゆる感覚を集中して周囲の細部を調べ、一歩一歩確かめながらゆっくりと室内をめぐり歩いた。

二周目を終えると、これまでとうって変って、ジェネットは高速度で部屋の中を——全く同じ経路で——走りまわった。そのようすは二度にわたってスローモーションの視察を行なって室内の地形をすみずみまで記憶したジェネットが、いまや完全な自信をもって高速の旅行ができるようになったと言わんばかりだった。

ジェネットは夜行性であって、それから後というものは夜ごとに——何年間にもわたって——枝の上や床を走りまわる音が聞こえたが、われわれの知る限りでは一度たりとも転落したことはなかった。その部屋の窓は小さく、また最初のいく晩かは月が出なかったので、部屋に射し込む光はほとんど無かったと思われる。それゆえにジェネットが部屋の中を迷わずに走りまわれたのは、あの最初の視察の折にたくわえた記憶によるところが大きいに違いなかった。

後になってジェネットには屋外の囲いが与えられた。それは壁と天井とを金網で張ったもので、屋内の部屋と同様に木の枝をしつらえてあった。また屋内の部屋と屋外の囲いとの間を動物が自由に行き来できるように窓を開けてあった。この屋外の囲いにはじめて行けるようになった時、ジェネットは屋内の部屋を調べた時と同じ戦術をまた使った。すなわち、まず枝に登り降りしてから枝や床の上をこの上なくゆっくりと、ひと足ずつ、あたりを見回し、においをかぎ、耳をふるわせ、ひげをぴくつかせながら進んだのである。一周し終ると、もう一度同じ骨の折れるのろさでまわり、それから全速力で囲いの中を走りまわった。

動物の生活の中で記憶がどんなに大きな役を演じているかを示唆する小さな出来事があった。最初の視察旅行の時、ずいぶん注意したにもかかわらず、ジェネットはある枝の所で滑ってしまったが、四本の足全部で枝をつかんでぶら下ってから、鉄棒の選手のように体をぐんと動かして枝の上に戻ることができた。それからというものは、ジェネットはその同じ場所にくるときまって同じ宙返りをするのだった。

幼い哺乳類は親の手を離れるにつれて、はじめは巣のまわりで動いていたのが一日一日と行動範囲を広げていき、ついに二度と帰ってこなくなるということが知られている。もし彼らの動きを私がジェネットで行なったように追跡できたならば、きっと同様な地形調査が行なわれていることがわかるに違いない。彼らのやり方とジェネットのやりかたとの違いは、幼い動物は地理を少しずつ覚えていくのにジェネットは短時間に詰め込み学習をするということだけであろう。このような学習法は、夜間視の能力はあっても恐らくは他の感覚に頼ることの方がはるかに多い夜行性動物の場合には特に価値があるものに違いない。

研究室で行なわれるエレガントな研究と比べると、このような観察はまるで時代おくれのように見える。しかし、動物の諸感覚がばらばらに働くものでないことをわれわれに常に思い起こさせるということだけでも、これは依然として価値のあることなのである。一千キロメートルの海原を越えて産卵のために浜を訪れるウミガメは天測航法を用いていると信じる科学者たちがあることは第十二章で触れた。しかし、これが話のすべてであるかのように言うのは間違いである。A・コッホ、A・カー、D・エーレンフェルトの三人は最近になってブラジル沖で餌を食べてからアセンション島まで卵を産みにやってくるアオウミガメについて研究した結果、アセンション島からはある種の化学物質が出され、そこを通る南赤道海流によって運ばれることにより海中に一種のすじが作られるという示唆を行なっている。この海流は幅が千六百キロメートルで深さは六十メートルを越えることがないから、その中に溶けている物質は上下にはそれほど動かず、また横への拡がりによっては百倍からせいぜい千倍にうすめられるに過ぎない。そこで、ウミガメが自分で正しい道すじに乗っているかどうかを確かめるためアセンション島のにおいを含んだ海水と他の大洋の水との境界がある六十メートルの深さまで潜らなければならないとしても、このにおいをかぎつけることは可能なはずだと彼らは論じているのである。

こうしたことを考えれば、ウミガメの方向感覚は簡単なものだけでよいことになり、これは太陽の位置を見ることで得られるものと思われる。しかし、ウミガメをえさ場から産卵場である浜まで導くためには、この天測航法とにおいの跡をつけることとだけでは充分でない可能性もある。たとえば、砂中深く埋められている卵からかえったウミガメの子は砂の表面まで登ってくるが、砂の外に姿を現わすのは夜になってからである。日中に外に出てくることはカニや海鳥、さらに肉食性の魚が待ち構えているので一層危険だからである。

ウミガメの子が砂の外に出ないでいるのは危険のあることを知っているためではなく、温度が二十八・五度以上になると活動が鈍ってしまうからで、日中は砂の表面の温度がこれよりも高い。ただし、早朝や雨の時には温度が低くなるが、早朝には前日に孵化したウミガメはもう安全に海に下ってしまっているし、雨の時には少くともいくらかの敵は不利な条件下にある。砂から出たウミガメは打ち上げられた丸太などの障害物は迂回しながら海へ向かって一直線に進む。ウミガメの子は陸地の色よりも海の色である青や緑の光に引きつけられるように思われるが、研究の結果によれば、彼らをひきつけているのは色ではなく明るさであって、遠い水平線の輝きが彼らを海の方へとさし招いているのである。

ウミガメの子に関する研究の途中で偶然に分ったことであるが、二十五度から三十一度の範囲内では水温が高いほど彼らは不活発になる。これも夜間に海へ向かうことの利点であって、子ガメたちは泳ぐのに最適な温度を得ることができるのである。

アオウミガメの成体は水温が二十五度の時に最も強力に泳ぐと信ずべき理由がある。このことは、そのコースの大半にわたって二十五—二十六度の平均等温線をもつ南赤道海流に乗って移動することの持つ一つの利点である。この海流の北側と南側とでは等温線が低くなっているから、温度が移動を決定するのに重要であることは充分に考えられる。

アオウミガメについての研究で指導的な役割を演じたN・ムロソフスキーは、子ガメが安全に海へ下り、えさ場へ泳いで行くのには恐らく異なった刺激に対する反応の連鎖が関係しているのだろうと述べている。これを彼は「行動の首飾り《ネックレース》」と呼んだが実に描写的な言葉ではないか。ウミガメが産卵のために帰ってくる旅にはおそらくまた別の首飾りが関係している。そしてこのような首飾りにはそれぞれ数種類の感覚が含まれているに違いないから、私のジェネットやボクサー犬で見られた行動にも匹敵するものと言えよう。

行動の首飾りの簡単な例は、ヒメバチ科の一種の産卵に見ることができる。このハチの雌は、木材の中にいるある特定のハバチ類の幼虫に卵を産みつける。他の種類のものに卵を産んでもそれからかえった幼虫は育たないから時間の無駄である。また、同じヒメバチ科のハチがすでに卵を生みつけた幼虫に産卵することも時間の無駄である。

このハチの雌は樹皮の上を走りまわるうちにハバチの幼虫がトンネルの中で木を食っている地点まで導かれる。彼女の嗅覚器官は足にあり、幼虫から出るにおいによって、その中に卵がすでに産みつけられているかどうかを見わけることができる。幼虫がまだ麻酔されていないとすると、彼女は今度はトンネルの中でのたくっている虫の音に聞き耳を立てる必要がある。つぎには産卵管を刺し込むために触覚が用いられる。これまでは比較的単純な操作と思われていたものに、他のいくつかの感覚も使われている可能性がある。以上の二、三の要素を明らかにするだけでも高度

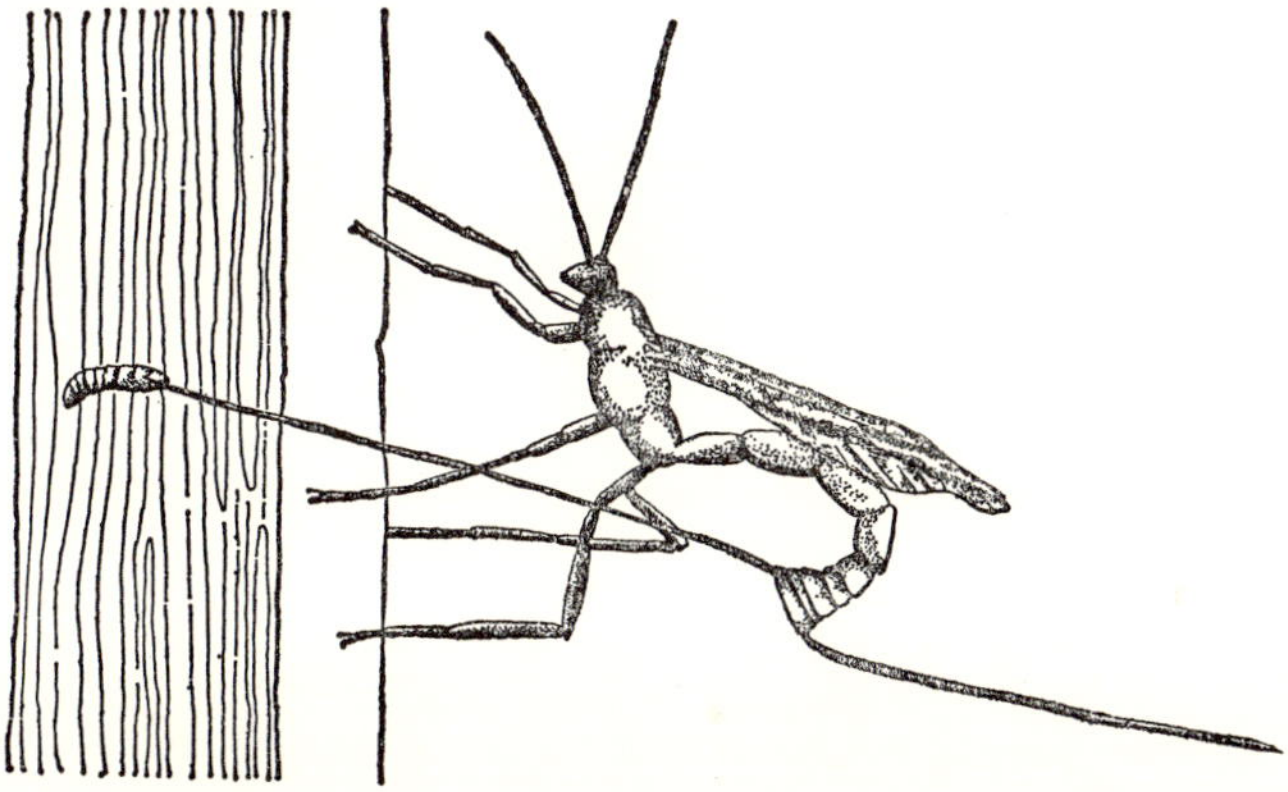

ヒメバチ科のハチの雌が長い針のような産卵管を木に刺し込んでいる。このハチは木材を食う虫の体に卵を産みつける。このような一見簡単そうな仕事も各種の感覚を精巧に組み合わせて用いなければ決して成功しないのだ。

の技術を要する研究が数多く必要だったのである。これ以外の要素がいつか、ひょっとすると偶然から明らかになることもあり得る。ヨーロッパに夏の短かい間だけ産卵にやってくるヨーロッパアマツバメ（スウィフト）の場合がそうであった。

　この鳥は昔から悪天候を示すものとして知られ、このため、あまつばめ《レイン・スワロー》、あらしつばめ《ストーム・スワロー》、かみなり《サンダー》どり《バード》などという名でしばしば呼ばれている。アマツバメは際立った飛行の名手で、絶え間なく飛びながら時速百六十キロメートルで小昆虫を捕えるし、飛びながら眠ることさえある。激しい雨の時には昆虫が空中から消え失せるからアマツバメは自分やひな鳥たちを養うためには一刻たりとも狩りを止められないのである。

　日が照りそそぎアマツバメが頭上をあらゆる方向に飛び交っていると思ううちに、あらしの雲が現れ、やがて空一面にひろがり灰色から黒へと色を変える。するとアマツバメは、普通は南か南西に向かって、流れるように飛び去って行く。最後の何羽かが視界から消えると間もなく、滝のような雨と電光、雷鳴をともなったあらしが始まるのだ。あらしが過ぎ去るとアマツバメは戻ってくる。一方、ひなたちは親たちが餌を与えに帰ってくるまでの間、一種の冬眠状態におちいっている。

　アマツバメの移動についての研究はよく行なわれていて、彼らは暴風雨がやってくるのを千三百キロメートルも先から知ることが分っている。気象の乱れがアマツバメに与える影響の大きさは乱れ自体の大きさにまさるとも劣らない。この乱れが数日間も続く時にはアマツバメは風にさからって八百キロメートルも飛んでその地域を離れ、あらしが去ってから帰ってくることもある。

　一生けんめいに小昆虫を追いかけ、これらを高速で飛びながらくわえるためばかりでなく互いの衝突を避けるためにも全ての感覚を働かせている必要のある鳥が、こんなにも遠くで動いているあらしに気づくとは信じ難いことである。これが気圧によるものなのか、振動や放電、視覚、聴覚、あるいはわれわれがまだ知らない特殊な感覚によるものなのかは分っていない。このことについて考えてみようとした科学者さえほとんどいないのである。さらに、時には往復千六百キロメートルにおよぶ旅行の問題がある。この旅行の少くとも最初の段階は空も太陽も全く見えない状態で行なわれることが多く、太陽による航法はほとんど役立たないに違いない。それにもかかわらずアマツバメは、飛行中の高度から帰りの道しるべとなる地上の目印しを見つけられるだけの視力が無い限り、ボストンから帰ってきたミズナギドリと同じように、天によって方位を知るほかはないのである。

答えが得られるためにはそれに先立って問いが発せられねばならない。また、ある一つの面についての純然たる興味が、他の、より副次的な面に対する注意を長い間にわたってそらしてしまうことも決してまれではない。コウモリについての非常に多くの問いが、解答されないままになっているのは、おそらくこうした理由によるものである。われわれに示された反響定位という全くの驚異の世界に夢中になっていたために、注意がコウモリの聴覚に集中し、それと共に用いられる他の感覚のことがおろそかにされていたのである。

コウモリはひどくにおいの強い動物として知られ、そのねぐらはさらにひどいにおいがするが、コウモリについて書いていながらこの点にふれている人はほとんどいない。コウモリの鼻づらには皮下に大きな腺がいくつもあり、くちびると鼻の周辺に目立ったひだをつくっている。これは皮脂腺からできたもので、他の哺乳類では毛皮に防水性を与える油を分泌しているものである。コウモリの場合にはそれぞれの腺から一本の長い毛が生えており、これは何らかの感覚器となっているかもしれない。ある種類のコウモリではこれと似た腺がくびや体の他の部分にもある。これらの腺からあのくさいにおいが出されるのであるが、このにおいが個体の識別に用いられたり、飛行中のコウモリが引いて行くにおいの跡がコウモリのグループ間の連絡を保つのに用いられたりしている可能性がある。また、ねぐらの悪臭が何の役にも立っていないとは考えにくい。最もありそうなことは帰ってくるコウモリの道しるべに役立つという可能性であろう。

ねぐらではコウモリは洞窟や木のほら、あるいは建物の、天井にあるごくわずかな割れ目を利用して足の指でつかまり、逆さにぶら下っている。おのおののコウモリには指をかける気に入りの場所――ほとんど気に入りの割れ目といっても差支えない――がある。洞窟をねぐらとするコウモリは入口からねぐらとなる点までの羽ばたきの回数を数えて、指をかける場所にたどりつくのではないかとも言われている。ねぐらとなる点に到着してからは、盲人だけが持っているか理解することのできるデリケートな触覚を用いて、飛びながら逆さになる動作から翼をたたむ動作までの間の何分の一秒かで、指をかける割れ目を見つけなければならないのだ。

キクガシラコウモリは洞窟で冬眠するけれども、冬の間じゅう眠り続けるのではなく、気温がある水準よりも下ると目覚めて洞窟内を飛びまわり、別の場所を見つけてぶら下る。洞窟の外の温度が十度以上になると、冬眠していたコウモリは目を覚まして外に飛び出し、冬も活動しているコガネムシを食べる。コウモリが冬眠し、死んだように深い眠りにおちている間に生ずる温度変化に対して精密な感受性を持っていることは明白で、この感受性は前に述べたように、洞窟の天井から下って眠っているコウモリに指を一本近づけただけでその体が横に揺れるということにもあらわれている。

冬眠の初期にはある洞窟にいたキクガシラコウモリの一団が、その冬のうちに三十キロメートル以上はなれた別の洞窟に移動したという記録がある。しかし彼らがなぜ移動しなければならなかったかということも、また移動に際してどのような航法を用いたのかも明らかでない。ことによると星や月を利用するのかも知れない。アブラコウモリや他のコウモリには七百五十キロメートルにおよぶ移動を行なうもののあることが知られている。このような飛行のあるものは昼間かなり高い所を通って行なわれるので、太陽航法が用いられている可能性も考えなければならない。

それはありそうもないと思えるかも知れないが、何年も前に南アフリカの鉱山から伝えられたつぎの話も当時はそう思われていたのである。具合の悪いことに、それが何という種類のコウモリであったかは記録されていない。しかし、この点を別にすれば、この話は後の研究から見て興味深い。話というのは、鉱山監督官たちが、坑道を飛んでいるコウモリは明りをつけると叫び声を出すのを止め、明りを消すと再び声を出すことに気づいたことである。反響定位に用いられる音は主に超音波であるが、その周波数帯の低い方の端に、カチッという音やブーという音として聞こえる成分を含んでいる。グリフィンらは明るい光の中を飛ぶコウモリについて実験を行なったが、彼らが視覚を使って航行しているという証拠は何も得られなかった。しかし一九六七年にコーネル大学のJ・N・レインによって、また二年後にはJ・W・ブラッドベリーとF・ノッテボリムによってさらに研究が進められた結果、コウモリは確かに視覚を使うけれども、それは薄暗い光の下に限られることが発見された。彼らはコウモリが強い照明の下では反響定位を用いなければならないが、明りのついた坑道の中のように薄暗い光の下では耳を栓でふさがれても障害物を避けて飛べることを見出したのである。

夜行性動物の生活について知るには、断片的な知識を忍耐強くつなぎ合わせて行くほかはない。これはわれわれ研究者が視覚と日光とにたよるところが大きいことに大きな原因がある。いつも地中にすんでいる動物を扱おうとする場合には、仕事はもっと難かしくなる。たとえばモグラは地表から七ないし四十五センチメートルの深さに碁盤の目のように作られたトンネルの中をせわしく動きまわっている。このトンネル網のあちこちからは地上のモグラ塚がある部分に達するたて坑が通じ、また、ところどころで、段のないらせん階段のようなたて坑が一メートル以上の深い所まで掘られている。これらのトンネルはすべて直径五センチメートルそこそこのものである。

モグラはトンネルをふさがれると迂回路を作ることをモグラ捕りたちは知っている。新らしく側方に作られるトンネルは障害物を迂回した後で古いトンネルと正確に結ばれる。この新しいトンネルを古いトンネルに結びつける際の精密さはまさに驚嘆に値するものである。これまでに知られたところでは、自分のトンネル網から二ないし三メートル遠くで放たれたモグラは地面に穴を掘って進み、以前からあったトンネルに達するトンネルを新しく作ったが、これもやはり正確に古いトンネルとつながったという例がいくつかある。このような観察結果から動物学者たちはモグラの定位感覚ということを論じるようになった。

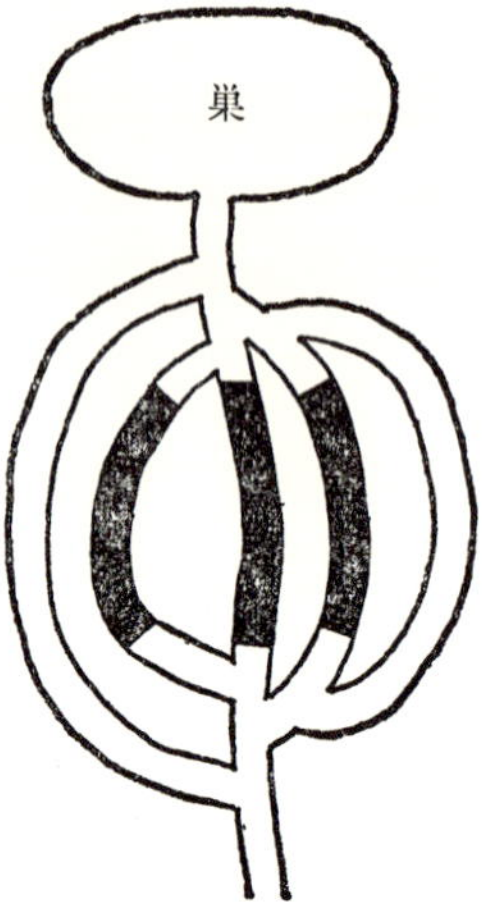

モグラやモグラに似た齧歯類が掘るトンネルの精密さを示す模式図。モグラなどトンネルを掘る動物は野外でも実験室でも新しい穴を正確に古い穴に連結するという驚くべき能力を示した。一つの通路がふさがれると新しいトンネルを掘って，ふさがった部分の向こう側にぴったりとつなげるのである。

F・C・エロフは南アフリカでキンモグラとデバネズミとの定位感覚について調べた。これらはいずれも地中に穴を掘る動物で、モグラに似た体型を示し、眼と耳介とを欠いている。彼らの間に見られる主な相違点の一つはモグラとキンモグラは前足を使って穴を掘るのに対してデバネズミは前歯で穴を掘ることである。しかし彼らの暮らしぶりはとてもよく似ているので、その感覚も似たような使われ方をしているのだろうと想像して差支えなさそうである。

デバネズミの穴は地表からわずか七ないし十センチメートルの深さにつくられるため、動物のひずめや大雨によってトンネルが破壊されることが多いに違いない。エロフがトンネルの一部分をわざと破壊してみたところ、デバネズミはこわれた部分への入口をふさぎ、次にこわれていない部分から横に短かいトンネルを掘ってから左または右に折れ、古いトンネルに平行して進んだのち、こわれた部分のちょうど先の部分に合流するように曲がった。もしそのままにしておけば、デバネズミはやがて破壊されたトンネルを復旧しようとするのであるが、その時に新しいトンネルをふさいでしまうと、ふたたび別のトンネルを前のものと平行に通す作業を繰り返す。こうして、必要ならば十二回でも同じことを反覆し、そのつど新しいトンネルは古いトンネルに正確に接続されたのである。

エロフは地下の巣についている雌についてもテストを行なったが、どのような方角からでも、また何回トンネルをふさいでも、常に間違わずに巣まで掘り進むことが分った。彼の言によれば「……このような破壊が生ずると、無傷なトンネルの部分が互いに遠く離れていても、驚くほど短時間にそして正しいやり方で適切な連絡路が作られ、同時にモグラは高度に発達した定位能力を示す」のである。ヨーロッパのモグラについて行なわれた他の研究もこれらの発見を支持している。

このような場合、穴を掘る動物たちが利用し得る情報を数えあげることは難かしくない。第一に光は無いといってよい。地表にたて坑が通じている部分では光が入るかも知れないが、これとても極めて弱いものでしかありえない。第二に温度は五ないし七センチメートル以上の深さではほとんど変化しないだろう。そこで残るのは音と振動と空気の流れだけとなる。

地中にはさまざまな密度の層があり、大小の川がこれを横切っているほかに、泉や地下水の流れがある。またいたる所に、すくなくともモグラの一生を通じて変わらないような各種の穴やトンネルがあって、その中を空気が流れているであろう。このような穴の入口を風が通り過ぎると、それがそよ風であっても音や振動を生ずるはずで、これはモグラのトンネルについても同様である。モグラのトンネルは体がやっと通れるだけの幅しかない。モグラには耳介はないが、頭の両側がトンネルの壁に常に接近しているので耳を地面につけている人と似た立場にある。鉛管工はハンマーの頭を水道管が埋まっているあたりの床につけ、耳を柄の一端に当ててわずかな水の漏れを探りあてる。モグラはこれと同じことを絶え間なく行なっているといってよい。

土はその湿り具合や生えている植物の種類に従って場所によって違うにおいがする。われわれが町や家、あるいは道路や畑や林をはっきりと記憶しているように、モグラは地下の世界をにおいと音と振動のパターンという形で記憶しているのだと考えても突飛すぎることにはならない。定位感覚は何種類かの感覚のはたらきが結び合わされたものにほかならないのであって、このような感覚の中には、第二章で見た通りモグラでは高度に発達している触覚も含まれている。

私が以前に一マイルほど離れた所にいる友人を訪問した時のことである。私は一つの問題を解こうとしていたのだが、突然気がついた時にはその友人の家の玄関先にいたのだった。くる途中で往来のはげしい大通りを横切ったに違いないのに、どのようにして歩いてきたのか全く思い出せなかった。

まだ横断歩道というもののなかった頃のことである。あまりにも一心に考えごとをしていたため私の意識は周囲のことに気づかなかったが、私の感覚が誤りなく導いてくれたのだと思われる。

どれほど多くの人が私との衝突を避けるために身をかわしたかは分らないし、もし私が歩き慣れているその路上に何か目立たない障壁が立てられていたならばどのようになっていたことか知れないのである。おそらく私はつぎに述べるような、方向感覚について調べられていたコウモリたちと同じ運命をたどっていたことだろう。

コウモリは時として高い建築物に衝突し、首をへし折って落ちることが知られており、彼らが反響定位を中断する時のあることを示唆している。F・P・メーレスとT・エティンゲン＝シュピールベルクとはよく慣れた一匹のコウモリをかごから出して運動させていた。コウモリはしばらく飛びまわるとかごの入口から飛び込んで、お気に入りのとまり場所にぶら下るのだった。メーレスらは何度かコウモリが外に出ている間にかごを九十度あるいは百八十度回してみた。すると帰ってきたコウモリは入口がもとあった場所から入ろうと試みた後に入口を探しまわった。ある日、研究者たちはコウモリが留守の間にかごを取り除いてしまった。ところがコウモリは戻ってくるなり、ありもしない入口から飛び込んで、消え失せてしまっているお気に入りのとまり場所にぶら下ろうとしたのである。

鳥が巣についている時に巣のある木がきり倒されると、その鳥は何日も木が立っていた辺りを飛びまわり、もはやそこには無い巣にとまろうと試みることがある。その鳥は多分周囲の景色のパターンによって定位していたのである。例の慣れたコウモリは恐らく室内の反響のパターンによって定位していたのであろう。しかし、S字形をしたトンネルの中を飛ぶように慣らされたコウモリは、新しい障壁をトンネル内に設けるとこれに衝突してしまう。これは反響定位には努力が必要なので慣れた場所を飛行するコウモリは反響定位のスイッチを切ってしまうらしいことを意味するものに他ならない。

何年か前にロンドンで盲人のためのパーティーが毎週一回開かれていた。盲目の客たちは会場の比較的近くに住んでいる人たちばかりだったが、主催者側では奉仕員を募集して彼らの送り迎えを行なっていた。ある晩パーティーが終ってみると、濃い霧が発生していて一寸先も見えない有様だった。すると盲目の客たちが奉仕員たちを家まで連れて行ったのである。

巣を失った鳥、メーレスとエティンゲン＝シュピールベルクに一杯食わされたコウモリ、そして盲目の客たち、彼らはすべてある程度まで空間感覚に頼っているのである。盲人たちはまた反響定位も用いていたが、かつて示唆されたような遠隔触覚は彼らには存在しない。遠隔触覚、つまり何かに直接触れずに感じることのできる能力は動物の中には存在するかも知れず、ことにモグラでそのようなことが言われているが、人間にはこれがあるという証拠はない。何年も前にある婦人が目かくしをしたまま指先を通じて活字が読めると主張して科学者たちの注目を集めた。しかしやがて彼女は目かくしの帯の下からのぞくことができるのだということが発見されたのだった。徹底的な研究の結果、盲人が物にぶつからずに歩けるのは遠隔触覚のためではなく、自分の足音や自分では気づかずに出しているかも知れない他の音のかすかな反響を聞いているためだということがかなり確実になっている。

コウモリがソナーを用いていることの発見に刺激されて行なわれた研究の一つの結果として、附随的な反響定位を利用する動物が多いという事実が発見されている。たとえばネズミの門歯は根元から絶えず伸びており、絶えずすりへらしていなければ一年間で十六センチメートルも長くなってしまう。以前にはネズミは木や骨やコンクリートのような物をかじって歯が長くなるのを防いでいると考えら

東アフリカのハネジネズミが高速ではねているところの写生図。地面に着くのは足だけであるが，長く続く通路の中ではいつも同じ場所を踏んで行く。このことは最大限に組み合わされた鋭敏な感覚と記憶との結合が存在することを示している。

れていた。しかし最近の観察によるとネズミはほとんどいつでも歯ぎしりをしているといわれる。そしてこの音がネズミの反響定位に大いに役立っているのである。実験用のシロネズミを用いて行なわれたテストでは、食物のところへ通じる二つの通路のうち一方を垂直な金属の衝立《ついたて》でふさいでおくと目かくしをしたネズミはもう一方の通路を選択する。しかし衝立を四十五度の角度にして反響が横にそれるようにしておけばネズミはそれに行きあたってしまう。また耳をふさがれたネズミも同じ失敗をする。

東アフリカのハネジネズミもいくつかの感覚を組合せて利用しているもののよい例である。この動物は一名をゾウトガリネズミ（エレファント・シュリュー）ともいうが、それはその鼻が細長く伸びていて動かせるからである。その後足は前足よりもはるかに長く、普通はカンガルーのようにはねながら前進する。食物を探しに出る時は何百メートルにもわたるはっきりとした通路に沿って進む。これは主として草の中のトンネルの道であるが、ときどき地面が露出した開けた所を通る。このような場所には人間の眼に見えるような跡は何も無いのに、ハネジネズミはいつもきまって同じ場所を足で踏んで行く。ところどころに石の下のかくれ穴があって、ハネジネズミはそこに入ってしばらく休憩してから再び仕事に出かける。そしてこの動物はいつでも正確に穴の場所を知っているように見える。

ハネジネズミは昼も夜も活動する。近くで追われると速いスピードで逃げるが決して度を失わず、いつもと同じ場所を踏んで行くことを忘れない。その行動全体は通路と環境全般についての明確で詳細な記憶が存在することを示唆しているが、このような記憶がいくつかの感覚に助けられていることは疑いの余地のないところである。この動物の眼はトガリネズミの眼よりも大きく、同じ大きさの齧歯類と比べても大きい。ひげは長く嗅覚は鋭いし、動かせる鼻にはよく発達した触覚が存在するという証拠もいくらか得られている。

これらの感覚がどのように用いられているかは、今のところ推測するしかない。ハネジネズミは休んでいない時には素早い動きで絶えず活動している。鼻先も絶えず動いており、進路にいる昆虫はすべて鼻先の触覚または嗅覚、あるいは両方を同時に用いて調べられる。どの感覚が使われているかをはっきりと言うことは不可能である。大型の昆虫は歯でつかまえるが昆虫が小さい時には非常に長い舌が射出され、昆虫は瞬《また》く間に口の中に消える。この動きは非常に速く、人間の眼では追うことができない。口に入った昆虫はほおにある袋に押し込まれ、後で消費される。ハネジネズミは歩きながらでもこの昆虫を出して食べるのである。

このようにハネジネズミはあらゆることを高速で、しかも驚くべき精密さで行なっているのであるが、これはあらゆる感覚の高度に効率的な協調があってはじめて可能なことであるように思われる。

第十五章　知られざる感覚　――「第三の眼」から――

動物のさまざまな感覚について述べた本書をしめくくるには、冒頭に登場した頭頂眼を取り上げるのがよいと思う。動物の体の中でこの「第三の眼」ほど繰返して詳しく調べられ、科学者たちによる推測の対象とされた部分は他にないのではないかと思われるほどである。しかし、今ではこの眼は、かつて存在した第二対の眼のなごりであることが分っているのだ。

すべての哺乳類の脳の上面中央部には、大脳の両半球の間にかくれて、松かさのような形をした小さな白いかたまりがある。これは二千年以上も前にギリシアの解剖学者たちによって人体ではじめて発見されたものであるが、人体では長さ六ミリメートル、重さ〇・一グラムほどのものにすぎない。紀元二世紀のギリシアの医師ガレンは引きつづきこの器官の研究を行ない、これが対をなさず、また中心部に位置していることに着目して、これは脳の主な部分から発する思考の流れを調節する一種の弁であると示唆している。

十七世紀にはフランスの天才哲学者ルネ・デカルトがこの考えをさらにおし進めた。普通には彼はこの器官すなわち松果体を――それが感覚器官中で対をなさない唯一のものであるという理由で――精神の座であるとみなしたと、いささか軽べつの意味をこめて言われている。実際には、彼は松果体に合理的精神が宿っていると示唆したのであって、われわれの眼が世界を調べてその見たところを松果体に伝えると、松果体は液体が中空の管の中を流れて筋肉に達することによって適切な行為をうながすのを許すのであると考えていた。これは、哺乳類の松果体について現在知られている事柄に照らしてみる時、これまで言われてきたほど見当違いなことではない。

その後、問題は長い間そのままになっていたが、一九一〇年になるとアーサー・デンディーによるニュージーランドのムカシトカゲの頭頂眼とそれにつながる脳の部分についての古典的な記載が公けにされた。彼はムカシトカゲの脳を薄く切って顕微鏡で調べ、頭蓋骨の上面の小さな穴の下に網膜とレンズとをそなえた直径〇・五ミリメートルの小さな眼があって、それから細い神経が脳に達していることを発見したのである。また、脳の上部からは副松果体というもう一つの突起が出ているが、これは別の、さらに退化した眼の名ごりであるように思われた。頭頂眼あるいは哺乳類脳の「松かさ」のようなこれと同等の構造はほとんどすべての脊椎動物にみられる。また、多くの化石爬虫類では生きている時に頭頂眼があったと思われる部分の上にあたる所に穴が開いている。このことから大昔の脊椎動物では頭の両側の眼のほかに、あるいはこのような眼が出現するのに先立って、頭頂部に一対の眼が存在したと結論するのが自然なことのように思われる。

一八九八年に医師オットー・ヒュプナーは松果体に腫瘍があり、同時に性的早熟を起こしている少年の治療を行なった。その後五十年間にこれと同様の症例がいくつも研究されたが、その結果わかったことと言えば松果体は性的な器官の調節に関係しているかも知れないということだけだった。その一方で解剖学者たちは魚類、両生類、爬虫類、鳥類、哺乳類などの脊椎動物で、次から次へと頭頂眼やそれに対応する構造を見出していた。それは動物の種類により、よく発達したもの、すなわち眼によりよく似たものもあれば、もっと退化したものも、また腺に似たものもあった。地下にすむ祖先か

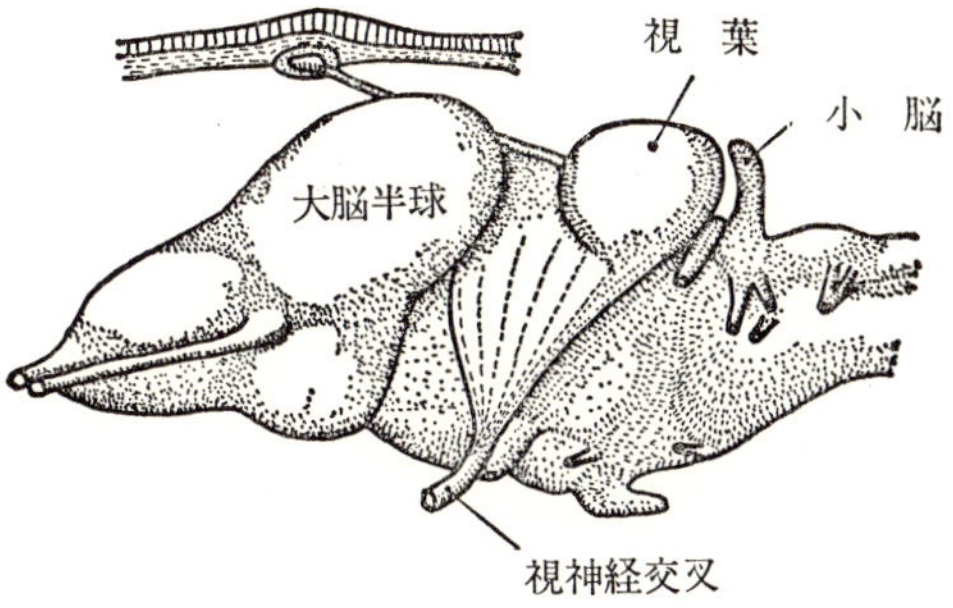

爬虫類の脳を横から見た図。頭蓋骨の上をおおっている皮膚のすぐ下に細長い柄の先についた頭頂眼がある。頭頂眼は頭の上にあった一対の眼のなごりで爬虫類では退化のさまざまな段階を示すものが見られる。

ら進化したと考えられているヘビにはこれがなく、またある種の地中生活を営む爬虫類にもこのような構造がない。しかし、アシナシトカゲ科の爬虫類で頭の両側に眼がないため、ブラインド・ワーム（めくらむし）と呼ばれているものは、この第三の眼があるために昼夜を区別することができる。

ヤツメウナギでは脳の上部に二個の眼に似た構造があって、光を感知するのに用いられている。現生動物中でヤツメウナギに最も近縁なメクラウナギにはこのようなものの痕跡も認められない。しかしメクラウナギは他の多くの点でも退化を示しているし、また明るい所を避ける。一九一八年にN・ホームグレンはドチザメ科のサメとカエルとの松果体を調べ、いずれにも通常の網膜に見られる円錐細胞に非常によく似た感覚細胞のあることを見出した。さらにこれらの細胞には神経細胞が連絡しており、この二種類の動物の松果体が光を感じる器官であることを暗示していた。それから四十年後にE・ドットがカエルの松果体はある波長の光を神経インパルスに変換するということを示したが、カエルが生きていく上でこれがどのような役目を果たしているのかは現在も分っていない。

一九六三年にはアングリッド・ドラモットがマスとカワカマスを用いた実験を行なっている。彼女はこれらの魚の普通の眼におおいをつけて目かくしをしてから完全暗黒の水槽に入れた。そして明かりを点滅するとともに水槽のすみに餌を入れ、短時間のうちに通常の条件づけの方法によって明かりがついた時にはいつでも餌を探すように魚を訓練することができた。これは何よりもまず魚が第三の眼によって光を感じ得ることを示すものであった。しかし、さらに驚くべきことに、合図の光を次第に弱めていき、ついに人間の眼にはほとんど見えないほどにしても、魚はそれに対して即座に反応したのである。

トカゲ類についての研究結果は、動物の種類ごとに松果体に違いが——細部のわずかな差に過ぎない場合もあるが——見られることを示している。カリフォルニアのアシナシトカゲ（アニエラ科）では頭蓋骨にある穴はほとんど閉じており、その下にある眼も通常のものより小さい。このトカゲはほとんど常に砂丘にもぐってくらしている。これに近縁のヨーロッパのアシナシトカゲ（アンギス科）では頭蓋骨の穴も頭頂眼も大きい。このトカゲもほとんど地中にもぐっているが、地上に出てくることもしばしばあり、また地中にいる時でも頭を出して休んでいることがよくある。ある種のトカゲの間では頭頂眼と脳とを結ぶ神経に関してはっきりとした違いが認められる。すなわち、この神経がかなりよく発達して二百五十本もの神経繊維から成っているものもあれば、非常に貧弱で脳との連絡を明らかにできないようなものもある。

多くのトカゲではこの第三の眼が体色の変化を命令している。これは光の色がこの眼を通して松果腺に達し、松果腺から分泌される皮膚の色を変えるホルモンの量を調節していることによる。これによってトカゲの体色はわずか一、二分の間に周囲と似た色となり、理想的なカムフラージュの効果を生むのである。また、第三の眼が日光浴の時間を調節しているトカゲもある。爬虫類は冷血動物で、体が温まるまでは活動できないにもかかわらず、容易に熱射病にやられる。第三の眼が彼らに日光浴が充分に行なわれたことを教えて切り上げさせるらしいのだが、これは一風変わったやり方で行なわれるもののようである。すなわち他の動物の第三の眼について行なわれた実験は、この眼が動物に何かをするのを止めさせる器官として働く場合のあることを示唆している。つまりこれは一種の抑制装置なのである。日光浴をしているトカゲにもまさにこのようなことが起こっている可能性がある。トカゲがじっと動かずにいるのは第三の眼が命令して足の動きを抑制しているからで、第三の眼が温まって危険な温度に近づくとその活動が止まり、抑制装置が働かなくなるために起上って歩き去るのだと考えることもできるのである。

脊椎動物の脳にあるこの謎めいた器官についての研究は大部分がまだ確たる結論に達したとは言い難い段階にあり、得られた結論もさまざまなので大まかに要約することしかできない。われわれに言えるのは、頭頂眼とそれに附随するいくつかの構造が、昔の脊椎動物では完全に機能していたかも知れない一対の眼に対応するものだということである。もしそうであるならば、つぎには現在生きている脊椎動物ではこの第二対の眼はメクラウナギやヘビの場合のように完全に消滅してしまったか、あるいはその機能が変化したかのどちらかであると概括することができる。はっきりと言える第三のことは、この機能の変化は脊椎動物のグループごとに異なっているということである。しかし、すべてのものでこれは光の受容に関係があり、またあるものでは松果体と性的な器官との間につながりがあるように思われる。

過去十数年間に松果体についての諸研究は一歩前進した。これらはまだ確実な結論に達したとは言えないが、それでも非常に興味深いものである。たとえば哺乳類では松果体は二種類のホルモンを生産する腺であることが確かなように思われる。その一つはセロトニンと呼ばれ、光に対する反応として作られる。いま一つはメラトニンで暗黒の条件下で作られる。このように言う理由の一つにネズミを連続照明の下で飼うとセロトニンの生産量が増え、暗黒中で飼うとそれが減るという事実がある。

このような研究から明らかになったもう一つの結論は、光が通常の眼の網膜を刺激すると交感神経によって情報が松果体に伝えられるということで、これによって松果体の生物時計が動かされるのである。脳からはまた別の情報が松果体に伝えられるが、これも外界からの光に依存しており、第二の生物時計を動かす働きをする。

メラトニンは哺乳類の雌の性周期に影響を与えるらしい。セロトニンにはこの周期を抑える作用がある。少くとも温帯地方では季節によって明暗が量的に変化するのでメラトニンとセロトニンとのバランスも変わり、これによって生殖器官の成熟が誘発され、年に一回の繁殖期がある鳥や哺乳類で性周期を決定しているという可能性がある。メラトニンにはある種の日周リズムを同調させる働きもある。

これ以上に話を進めようとすれば、どうしても生化学上の細かいことがらを長々と説明しなければならなくなるが、松果体はその二つの生物時計によって日周リズムと月および年ごとの周期を制御できるもののように見える。こう言うのは当て推量であり、もっと正確に言えば松果体などの器官を研究した人たちが書いた物を読んで得た印象を短い言葉で表現しようと努めてのことである。将来、人間の脳の松果体がデカルトの考えたものに近いことが証明されることは充分にあり得る。デカルトは松果体を合理的精神の座であるとし、これが眼に入った光によって刺激されると液体を筋肉に向けて送り出すことで体の働きを支配していると考えた。「液体」を「ホルモン」と読みかえ、「合理的精神の座」と言う代りに「調節作用を持つ部分」と言うならばデカルトの想像はそれほど的外れとは思えない。そこでわれわれに必要なのは、このホルモンで刺激され体の働きを支配するというものは何かを発見することだけだ。これは大部分は固有（自己）受容器あるいは固有受容系である。これまでのところ松果体と固有受容器との間に明確なつながりがあることは証明されていないが、松果体も固有受容器もまだ研究が始まったばかりなのだからこれは当然とも言える。

眼、耳、鼻のようにはっきりとした形にまとまっている特殊化した感覚器官と比べると、固有受容系を構成する感覚器官は広く散っているためにほとんど見のがされてきた。この感覚器系が感じる刺激は、特殊化した感覚器官の場合のように明白なものではない。通常この系は、動物自身の運動によって体内に生ずる圧力や変形を感知する運動感覚あるいは筋肉覚をつかさどるものとされている。すなわち固有受容器はわれわれに自分が筋肉をどう動かしているかを教えるもので、それが特に存在する部分は筋肉、腱、それに関節であるが、関節の固有受容器は骨をおおう膜の中にある。

このことから分るように固有受容器は内部感覚器であり、これに対して他の感覚器は、内耳の半規管（これは固有受容器に含めることもある）や温度受容器の他はすべて体表にある。動物はこれらを通じて体のおのおのの部分を他の部分に、そしてまた体を全体として外にある世界に、関係づけているのである。これらと中枢とを結ぶ神経は筋肉を支配する神経の中に含まれているが、もしこれをまとめて二本の主要な神経にすることができれば、H・W・リスマンが言ったように、生物学科の学生ならば決して無視し得ないほど印象的な太さのものになることだろう。しかし実際には固有受容器は小さな、眼に見えぬものである上、われわれは生れた瞬間からこれに慣れてしまっているので気がつかないのである。一九四九年にG・H・バーンはこう書いている。「人間には五つの感覚があるというが本当は六つであり、第六のものは固有受容性の感覚すなわち筋肉の位置に関する感覚である」。

これらの感覚についてのわれわれの知識は他の感覚に関するものよりもおくれているから、ここではそれが存在するということを述べるにとどめたい。しかし、固有受容器について書いている多くの人によって与えられた、明らかに誤っていると考えられる印象をまず訂正しても悪いことはないだろう。たとえば彼らはわれわれが食物を口に運ぶ時にはいつでも、誰も鏡に写る以外には自分の口を見たことはないのに、固有受容性感覚に頼って口のある場所を正確に知るのだと示唆している。しかしこれが真実のすべてでないことは明らかである。口を見つけることができるのは、幼児のごく初期に試行錯誤によって口のあり場所を憶えたからにほかならない。これは赤ん坊がはじめて自分で物を食べようとしているところを見ればすぐ分ることである。その後になって記憶と固有受容器とが共同して働く。同様にわれわれが何かを取り出そうとしてポケットに手を入れようとする時、手は正確にポケットの所に行くと彼らは述べているが、これも過去の経験にもとづいてはじめて可能なのであり、やはり固有受容性感覚と記憶がともに働いているのである。

同じ著者たちは、四足獣は後足の動きを見ることなしに地面につけ——多分前足を見る必要もないであろうが——また障害物をとび越す時には跳躍に先立って障害物を見るけれども、固有受容性感覚が眼の助けをかりずに後足を動かしてとび越えさせるのだと言っている。しかし障害物をとび越える四足獣に関する限り、最初のうちは跳躍の試みに失敗するものだということを若い動物を少しでも詳しく観察したことのある人ならば知っているだろう。若い四足獣は視覚と触覚とを用い、試行錯誤によって跳躍を憶えなければならないのであって、その後になってはじめて固有受容性感覚が誘導の役割を引継ぐのである。子犬が最初にあたりを歩きまわる時には行き当たった低い障害物をとび越そうとする。そしておよそ決然として跳躍を試みるが、大抵は障害物の上に大の字に腹ばいになってしまうのがおちである。しかし、まもなく子犬は自信をもって跳躍することを憶えてしまうので、中枢神経系が試行錯誤にもとづき過去の経験の記憶と結びついたなんらかの形で教育されたのに違いないと推測することができる。

暗い夜に足を地面につける時、触覚は助けにはなるが、たとえば寒くて足の感覚がなくなっている時のことからも分るように不可欠なものではない。触覚がなくても歩けるのである。筋肉にある感覚神経の終末は依然として筋肉の動きによって刺激されるし、腱にある神経終末は依然として腱が引っ張られると反応する。また関節をおおう膜の中にある神経終末は依然として関節面の接触によって刺激されるのである。おそらくわれわれがはじめ日中に歩行することを憶えていなかったならば、こうして暗闇で歩けなかったのであろう。しかし幼児期の初期にはじめて歩いた時、どれくらい自分の足や地面を見ていたかを言うのは難かしい。しかし、このように夜あるいは感覚が麻痺した足での歩行はわれわれの生活で固有受容器が果たしている重要な役割を示すよい例である。

多くのことを固有受容器のせいにしすぎているのではないかと思われる他の例もある。たとえば夜行性動物が暗闇の中で上手に動きまわれるのは運動感覚、言い換えれば固有受容系を用いていることによると考えている研究者たちがいる。これは本当ではあるが、これまでに論じてきたのと同じ但し書きが必要なのだ。動物が周囲の記憶と結びつけることなしに固有受容系だけを、日中に動きまわるものよりも効果的に利用できるとは考え難いし、また視覚以外の他の諸感覚も日中以上に利用しているに違いない。ある著者はわれわれが暗闇で手を伸ばして正確に手すりの上にのせられるということに感心し、暗にこれは運動感覚を用いてなされていると言っている。しかし事実は手すりの位置を熟知しているからこそこれが可能なのであって、これはちょうど私のジェネット(第十四章参照)が新しい環境に慣れようとしたのと同じことなのである。

しかしこれらの内部感覚が、記憶や学習にはなんら依存することなく、われわれの役に立っていると思われる場合もある。胃が空になると、固有受容器の神経終末は腸の壁にある筋肉が収縮し過ぎたことを感じて通報する。固有受容器はまた伸びやあくびをすべき時を教える。たとえば休んでいる時には血管中の血液の循環が緩慢になりがちである。しばらくして伸びをすると筋肉の作用で静脈が圧迫され、血液が心臓に向けて速く流れるようになり浄化が促進される。あくびをすると深呼吸の結果として肺の壁を流れる血液により、酸素がより速く心臓へ、さらに全身へと送り出される。そして気分がさわやかになったことを教えてくれるのも固有受容器なのである。

あくびについては、疲れた時のあくびと朝、目が覚めたばかりの時にするあくびとを区別する必要がありそうだ。前者の場合にはおそらく筋肉の疲労を回復するため血液中により多くの酸素が必要となったことに対する反応としてあくびが出るのであり、後者の場合には血液の循環を再び活発にする必要に応じてのあくびであると思われる。二つの場合とも原理は同じだが生ずる効果は異なっている。

現在は松果体と固有受容器との働きについては分っていない点が多いので、この二つが別々にあるいは組み合わさって行なっている可能性がある他の作用については、推測する以外にない。ことによると、大人ならば誰もが考えたことがあるに違いない少なくとも一つの問題に対する鍵がここにあるかも知れない。その問題とは、日の光が射すとたちまち心が弾み、足どりも軽くなり、失意は消えて人生が前とはすっかり違って見えるのはどうしてかということである。

同じことは動物でもあるように思われる。たとえばナイティンゲール（サヨナキドリ）は鳴き鳥として名声が高く、その名は夜にさえずるという習性をあらわしているが、この鳥は昼間もさえずるので、ただその声が昼間は多くの鳥たちによる春の歌のコーラスにまぎれてしまっているのである。ナイティンゲールの夜のさえずりについては多くのことが書かれているけれども、この同じ鳥が春の晴れた朝に奏で続ける素晴しい音楽に匹敵するものはない。このような時には松果体か固有受容器か、あるいは両者が結びついて、ナイティンゲールの体内の代謝活動をよみがえらせ、胸も裂けよとばかりに歌わせるのだという可能性は、それが誤りだという証明がされない限り捨て去ることができない。そして、われわれの気分が太陽の光を窓越しに見ただけで——それが室内に射し込まなくても——非常にたかまるのもこのような朝なのである。

この章で述べたことは憶測によるものが多く、松果体と「からだの働き」（固有受容器）との間の直接的なつながりを見つけることは現在なお不可能なことは確かである。しかし、将来フォン・フリッシュやグリフィンあるいはマシューズのような人が出て、これらの人々が天測航法と反響定位とに関するスリルに満ちた物語で行なったように、突如として突破口を開くのではないかという気がする。その時には水門が開け、これまで長い間無視されてきた内部感覚についての予想されなかった新知識がどっと流れ込んでくるであろう。そして太陽の光は松果体や眼を通じて、われわれが現在予想しているより以上の意味を持つことになるかも知れない。

訳者あとがき

本書は Maurice Burton : The Sixth Sense of Animals (一九七三年) の全訳である。著者のバートン博士は英国ではよく知られた動物学者であり、ながらく大英博物館の自然史館動物学部門の担当者として、またイラストレーテッド・ロンドン・ニュース誌の科学欄編集者として活躍したほか、一九四九年以後現在にいたるまでデイリー・テレグラフ紙の科学記事の執筆者として筆をふるっている。また動物に関する多くの一般向け著作がある。このことからもうかがわれるように博士の活動の中心はひろく一般人を対象とする知識の普及にあり、本書もそのような立場から動物の感覚についての最近の知識を専門家ではない読者のために平易に解説し、その意義を考察しようとしたものである。本書の中でも繰り返し語られているように、動物の感覚についての研究は最近の五十年余りの間に飛躍的な進歩をとげた。第六感という言葉がある種の霊感あるいは超能力を連想させるように、われわれにとってはただ不思議としかいいようのなかった動物の行動の秘密がつぎつぎに解き明かされて行き、また、それまでは夢想だにされなかった新しい種類の感覚がわれわれの日常経験を遠く離れたところに存在することが知られるようになった。コウモリによる超音波の利用や、ある種の魚による電気感覚の利用はその典型的な例である。

動物の感覚について人類はいわば堰を切ったような相次ぐ発見の時代を体験したのであるが、これはわれわれにとってどのようなことを意味するのであろうか。これまでのところ、われわれの文明は遺伝情報の解読をひとつの頂点する分子生物学の発展によるほどには動物感覚の研究によって衝撃を受けなかったように見える。これは、ひとつには感覚の研究がコウモリやミツバチや電気魚など個々の特定の動物についてのものに過ぎず、いわば博物学的な興味の対象とはなり得ても、人間に直接かかわるものではないように思われがちだからである。

しかし、洞察力と想像力とをもって本書を通読するならば、このような考えが皮相のものに過ぎないことが見てとれるはずである。事実、ここには単なる博物学的知識の集積ではなく、われわれがこれまで持ち続けてきた自然観を揺さぶらずにはおかない新しい世界の眺望がある。

感覚を含めて、生命現象にはさまざまな変化に富むという多様性の側面と、それにもかかわらずその根底には共通の原理が支配するという一般性あるいは共通性の側面とがある。実際の研究において、そのいずれにより強く傾斜するかは個々の研究者の資質によるところが大きいように思えるが、実験室を中心に発展してきた現代の生物学が後者、すなわち一般性の追求により多くの努力を向けてきたことはよく知られている通りである。生物体が細胞という基本単位から構成されているという見方が顕微鏡を用いた観察から生れて以来、生物体をできる限り細かく、文字通り微視的に、調べて行くこと、そしてそれに最も適した生物材料を選んで研究することが、生命の基本を探る上できわめて実り多いことが実証されてきた。遺伝の本質を解明するためにある種のバクテリアやウイルスが、神経伝導の機構を解明するためにイカの神経が徹底的に調べられたのはその好例で、これらはいずれも比較的単純な系として解析が可能であるような特徴を多くそなえた材料である。

ところで感覚の場合にも、感覚細胞がどのようにして刺激を受け入れるのかといった基礎的な過程を解明する目的で、このようなアプローチが数多く試みられているが、感覚を細胞以下の微細なレベルで研究することには多くの困難があって、まだ完全に成功したものはない。現在この方面の研究は着実に進められているが、真の意味での突破口を開くためには何かこれまでにない新しい着想や新しい生物材料の登場が必要であるという気がする。いずれにしてもこの分野には現在の生物学が直面している最もチャレンジングな課題の一つがあるといってよい。

しかし、動物の感覚に関する研究がわれわれに深い感銘を与えたのは、むしろその驚くべき多様性のゆえであって、本書の主要なモチーフもこの点にある。感覚の研究には、それがわれわれにとって認識そのものと直接にかかわり合うものであるという特殊な面があるが、われわれは動物の感覚の研究によってはじめて、われわれをとりまく世界がいかなるものであり、かつてみずからの限定された感覚——五感——を通じて親しんできた世界においてはいかに多くのことが隠されたままになっていたかを実例をもって学び始めたのである。

これは知識のみが与えうる開眼であり、解放である。このような知的体験は、自然に対するわれわれの態度を変えずにはおかないであろう。自然界には、動物感覚についての正しい知識を持った観察者だけに与えられる驚きと喜びとが豊かに用意されているということを、本書は繰り返し語りかけているのである。反対に、正しい知識を持たずに動物の行動を観察し解釈しようとすれば、大きな誤解におちいる危険もある。現在、わが国においても自然を「愛」し、「保護」しようとする気運が高まりつつあるとき、このことを特に指摘しておきたいと思う。

この分野で得られた膨大な専門的知識を、一般読者にわかり易いかたちにまとめることは容易ではない。バートン博士の博識と啓蒙家としての経歴とは、この困難な仕事にふさわしいもので、できる限り日常的な平易な表現によって、身近な例を交えつつ語り進む手際はあざやかである。英国の教養人に特有のユーモアも随所に見ることができる。

しかし、本書は単に平易さをねらった解説書ではない。構成は一見ポピュラーに見えるが、実は著者独特の堅実な枠組の上に立っているのを見ることができる。触覚の重要性という、どちらかといえば地味な主題から始まる展開にもこのことを見てとることができるし、それぞれの章における話題の配列にも動物学者としての著者の見識を読みとることができる。最近はわが国でも動物の感覚や行動に対する関心が高まり、解説書も数多く出版されるようになったが、これらの中で本書の特徴をあげれば上のようなことになろう。

訳出にあたっては著者の意図をくみとり、正確ではあっても難解な術語のかわりに、専門家からの批判はある程度甘受する覚悟で、できるだけ平易な訳語を用いるように努め、訳註も最少限にとどめた。科学は急速に進歩しつつあり、本書で述べられていることがらについても、その後多くの補足や修正が加えられていることは当然のことであるが、著者の論旨をそこなうほどのものはないと考え、あえて煩雑な注釈を行なわなかった。ただ、本書では触れられていないが、動物の感覚に関する研究はわが国においても、いくつかの研究室に属するすぐれた研究者たちによって進められ、重要な業績があげられていることを書きそえておく。

最後に、本書の出版に関し、お世話下さった文化放送出版部の方々に感謝する。

一九七五年五月

訳　者

復刊に際して

今回、本書が法政大学出版局から復刊されることになった機会に、旧版を全面的に点検し、二、三のミスの修正を行なった。本書が書かれた当時から現在までの間に、生物学の研究は非常に進歩したが、今読み返してみて、動物の感覚に関する入門書として、また、想像力をかきたてる読み物として、本書は今なお高い価値を持っていることを、あらためて確かめることができたのは訳者にとっても嬉しいことであった。

なお、著者のバートン博士は、現在は子供向けを含む動物学の啓蒙書を中心に相変らず活発な著作活動を続けていることを付記しておく。

高橋　景一

著　者

モーリス・バートン（Maurice Burton）

英国の動物学者．理学博士．多年にわたり大英博物館自然史館動物学部門の担当者として，また「イラストレーテッド・ロンドン・ニュース」誌の科学欄編集者として活躍した．1949年以後は「デイリー・テレグラフ」紙の科学記事の執筆者としても知られる．次男ロバートとの共編による『動物生活の百科辞典』がある．

訳　者

高橋景一（たかはし けいいち）

1931年東京に生まれる．東京大学理学部生物学科卒業．理学博士．専攻：動物生理学．1960年より2年間，文部省在外研究員としてロンドン大学で動物学を研究．東京大学理学部教授，国際基督教大学教授を歴任し，現在，東京大学名誉教授．訳書に，ストリート『動物のパートナーたち』（共訳，法政大学出版局）がある．

動物の第六感

1990年7月30日　初版第1刷発行
2006年8月10日　新装版第1刷発行

著　者　モーリス・バートン
訳　者　高橋景一
発行所　財団法人 法政大学出版局
〒102-0073 東京都千代田区九段北3-2-7
電話03-5214-5540／振替00160-6-95814

印刷：平文社，製本：鈴木製本所
ISBN4-588-76208-7
Printed in Japan

フクロウ〈私の探梟記〉　福本和夫　3200円

ヤマガラの芸〈文化史と行動学の接点から〉　小山幸子　2300円

ヒトと甲虫　林 長閑　1300円

ミツバチを追って　フリッシュ／伊藤智夫訳　1300円

ミツバチの不思議〈第2版〉　フリッシュ／伊藤智夫訳　2000円

サルから人間へ〈人間の祖先をたずねて〉　ヴェント／寺田和夫・中江寅彦訳　1700円

動物のパートナーたち〈共生と寄生の物語〉　ストリート／高橋・村上・長橋訳　1800円

脳と心の正体　ペンフィールド／塚田裕三・山河宏訳　1800円

脳と人間と社会　千葉康則　1600円

シングル・レンズ〈単式顕微鏡の歴史〉　フォード／伊藤智夫訳　2400円

重力の物理学〈知的好奇心のために〉　小池康郎　2500円

ろうそく物語　ファラデー／白井俊明訳　1800円

火と人間　磯田 浩　2800円